国家自然科学基金资助项目(51608112)
中央高校基本科研业务费专项资金资助项目(2242016R20005)

土工试验离散元数值模拟

——三轴试验与静力触探试验

吴　恺　著

东南大学出版社

南京

内 容 提 要

土的力学特性对工程项目的顺利实施具有至关重要的影响,其特性常通过土工试验进行测定。然而常规土工试验周期长、耗时久、开销大,并且存在无法反映试样的内部受力情况及微观状态等弊端。离散元法是近年来解决非连续介质问题的数值方法,常被用于计算颗粒介质的接触受力问题。本书重点介绍了采用离散元法模拟三轴试验测定颗粒介质抗剪强度的过程步骤,通过引入拉梅公式,很好地解决了圆柱形边界条件的伺服控制;同时还介绍了考虑土体应力状态与温度效应的静力触探试验离散元数值模拟。研究表明,离散元法是模拟土工试验的有效手段。

图书在版编目(CIP)数据

土工试验离散元数值模拟:三轴试验与静力触探试验 / 吴恺著. 一南京:东南大学出版社,2018.3

ISBN 978-7-5641-7508-5

Ⅰ. ①土… Ⅱ. ①吴… Ⅲ. ①土工试验-离散模拟-研究 Ⅳ. ①TU41

中国版本图书馆 CIP 数据核字(2017)第 294361 号

土工试验离散元数值模拟——三轴试验与静力触探试验

著　　者:	吴　恺
出版发行:	东南大学出版社
社　　址:	南京市四牌楼 2 号(210096)
出 版 人:	江建中
网　　址:	http://www.seupress.com
责任编辑:	施　恩
责任印制:	周荣虎
经　　销:	全国各地新华书店
印　　刷:	虎彩印艺股份有限公司

开　　本:	787 mm×1092 mm　1/16
印　　张:	10
字　　数:	300 千字
版　　次:	2018 年 3 月第 1 版
印　　次:	2018 年 3 月第 1 次印刷
书　　号:	ISBN 978-7-5641-7508-5
定　　价:	50.00 元

发行热线: 025-83790519　83791830

前　言

在自然界中,以颗粒介质状态存在的物质有很多。这些物质由大量离散固体颗粒聚集而成。颗粒与颗粒之间的相互作用决定了物质运动状态的改变。当物质受到的外力作用或内部应力状态发生改变时,整体颗粒的运动状态都会发生相应的变化。颗粒之间的微观接触形成整个系统的宏观运动状态。例如,自然界中的雪崩、沙丘演变、泥石流都属于颗粒介质的范畴,而在工业生产,如煤炭、冶金、制药等领域也常常会遇到与颗粒介质相关的科学问题。

土中固体颗粒是岩石风化后的碎屑物质,简称土颗粒。土的力学特性是保证施工建设项目顺利进行的首要条件。土工试验是对岩土力学参数进行测试的试验总称,针对不同的土体力学参数,通常采用不同的土工试验。土工试验的正确选用可以应对不同土体力学参数测试的需要,然而土工试验测试所得岩土体力学参数比较单一,无法全面表现土体试样的整体性质。另外,土工试验是对土体宏观力学性质的测定,无法做到微观分析,同时还会耗费大量的时间、财力及人力。因此,数值模拟无疑是研究土颗粒介质力学性质的另一种有效手段。

离散元法是近年来非常流行的用于解决非连续介质问题的数值方法。采用离散元法对土工试验进行数值模拟,不仅可以从宏观角度模拟岩土材料的力学行为,还可以从微观上研究颗粒间的接触状态,有助于研究人员深入理解土颗粒间的宏观本构模型与微观接触状态。鉴于土工试验种类繁多,本书选取土工试验中最具有代表意义的室内三轴试验与原位静力触探试验进行离散元数值模拟研究,旨在为科研人员进行土工试验的离散元数值模拟提供更多的思路。

本书共分为六部分内容,第一章简要介绍了土工试验的分类组成及原理;第二章介绍了离散元数值模拟的基本概念;第三章介绍了不同状态下玻璃珠试样的室内三轴试验的试验结果;第四章采用离散元法对室内三轴试验进行了数值模拟,并与第三章的试验结果进行了对比验证;第五章和第六章分别介绍了土体应力状态与温度效应对静力触探贯入参数的影响规律。

本书获得了国家自然科学基金(51608112)的资助。

本书是作者在东南大学博士后工作期间对博士与博士后课题所做的研究工作的归纳与总结。但由于作者知识结构、研究深度、广度以及水平有限,书中难免有错误之处,欢迎广大读者批评指正,以便及时修订、更正与完善。联系邮箱为:douaikkwu@163.com。

目　　录

第一章 土工试验

1.1 背景

随着经济与社会的发展,大型土建工程建设项目,例如桥梁基础、地下空间,以及不断涌现的能源工程项目快速发展。土建工程项目的顺利实施离不开岩土参数的正确取值。准确地确定岩土参数,不仅能够保证工程顺利进行,减少工程周期,还能降低工程造价,提高经济效益。

鉴于土体、岩石等都是离散体,因此,关于颗粒介质力学行为的研究越来越受到岩土行业的关注。颗粒介质微观力学行为通常是由颗粒自身变形和颗粒排列变化产生的,而后者通常发生在外力的作用下,是由颗粒的相对位置发生移动造成的,因此,此类变形往往不可恢复。颗粒介质在宏观上所表现出的力学性质很大程度上受到细观和微观结构的控制。因此,从细微观尺度出发,结合颗粒材料理论,通过试验以及数值模拟的手段观测颗粒介质的应力应变,可以从根本上揭示土体受力变形机理,从而为岩土工程中出现的土体颗粒宏观力学行为问题给予科学的解释,并提出相应的有效解决办法,为岩土力学的深入研究提供新的视角。

岩土工程试验可分为室内试验和现场原位测试。室内试验与原位试验各有其优点与缺点。室内试验,顾名思义,即为实验室内进行的试验。室内试验包括三轴剪切试验、直剪试验、无侧限压缩试验、击实试验、压缩固结试验等,主要用于测量土的压缩强度、抗剪强度、塑限、液限等参数。室内试验测得的数据结果较为精确,具有边界条件、排水条件和应力路径容易控制的优点,但由于室内测试所需要的试样取样在采样、运送、保存和制备等过程中不可避免地受到不同程度的外部扰动,甚至饱和状态的砂质粉土和砂土,根本取不出原状土,往往使得室内试验所测得的力学指标"失真"。因此,在工程地质勘察中,还会进行现场原位试验。

现场原位测试是指在工程地质勘察现场,在不扰动或基本不扰动地层的条件下对地层进行土样测试,从而获得所测地层物理力学性质指标及划分地层的一种勘察技术。它和室内试验相比,有如下优点:

1. 可在拟建工程场地进行测试,不用取样,因而可以测定难以取得的不扰动土样(如淤泥、饱和砂土、粉土等)的有关工程力学性质。

2. 影响的土体范围远比室内试样大,更具有代表性。

3. 很多的原位测试方法可连续进行,因而可以得到完整的地层剖面及土体物理力学指标。

4. 原位测试一般具有速度快、经济的优点,能大大缩短地基勘察周期。当然原位测试也存在许多不足之处,部分理论是建立在统计经验的基础上的,因此,对测定值的准确判定造成一定的困难。

本章节将在简要介绍土工室内试验与原位各项试验的基础上,着重讨论具有代表性的室内三轴试验与原位静力触探试验的原理与研究现状,为后文对两种试验进行的离散元数值模拟奠定基础。

1.2 室内试验与原位试验

本书简要介绍的室内试验包括直剪试验、环剪试验及室内三轴试验,而原位试验包括静力荷载试验、动力荷载试验、标准贯入试验、十字板剪切试验,以及静力触探试验。

1.2.1 直剪试验

直剪试验是发展最早用于测定土的抗剪强度的试验方法,因其设备简单及操作便捷,受到广泛的使用,见图 1-1。

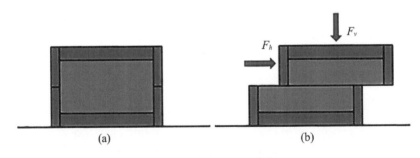

图 1-1 直剪试验示意图

直剪试验通过剪切盒进行操作。剪切盒分为上下两盒,固定下盒(部分剪切仪固定上盒)。试验时,将试样放置在剪切盒中。在试样上施加垂直压力 F_v,同时施加水平力 F_h 推动上盒。剪切过程中上盒发生移动直至试样剪切破坏。尽管直剪试验在工程中受到广泛的使用,但是也存在一些缺点:(1)人为选择剪切面往往会增加附加约束的作用,从而导致测得的试验强度与实际不符;(2)在试验剪切过程中,随着剪切位移的增大,剪切面积逐渐减小,导致试样的应力应变分布不均匀,特别是剪切破坏时,试样内部的应力应变难以确定。

1.2.2 环剪试验

环剪试验是扭转剪切试验的一种,主要是研究大变形下土体的抗剪能力,见图1-2。试验前,土样被制成环形放置在环剪仪的中心筒周围。试验过程中,环剪仪的中心筒按一定的速率剪切样品。环形试样的围压通过水压施加在试样外侧的橡胶膜上。环剪试验克服了直剪试验测试过程中剪切面减小的弊端。环剪试验可以降低试验过程中边界条件对试验结果的影响。

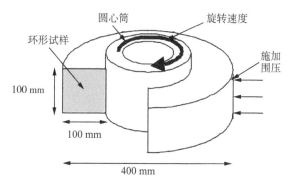

图1-2 环剪试验示意图

1.2.3 三轴试验

三轴压缩试验是美国哈佛大学学者首先发明提出的,采用应力边界为圆柱形试样的压缩试验,后经过众多土力学专家的研究改进,发展成现在较为完善的用以测定土体抗剪强度的试验方法。三轴压缩仪的突出优点是可以控制试样的排水条件,对试样进行不同应力路径的加载测试,并完整反映试样受力变形乃至破坏的全过程。同时,试验过程中,试样的应力状态也较为明确,破裂面自然发生在试样的最薄弱处,而不像直剪仪被人为限定在上下盒接触面之间。三轴试验将在1.3节进行详细说明。

1.2.4 静力荷载试验

静力载荷试验是通过在一定面积的承压板上向地基逐级施加荷载,观测每级荷载下地基的变形特性,从而评定地基的承载力、计算地基的变形模量,并预测实体基础的沉降量的原位试验方法。它可以反映承压板下方1.5~2.0倍承压板直径或宽度范围内的地基强度、变形等综合性状。当试验影响深度范围内土质均匀时,此法确定该深度范围内土的变形模量较为可靠。

1.2.5 动力荷载试验

动力荷载试验是利用锤击动能,将一定规格的圆锥动力探头打入土中,根据每次打入土中一定深度所需的能量来判定土体的物理力学性质,从而对土体进行分层的一种原位测试方法。试验所需的能量反映了土的阻力大小,一般可以用锤击数来表示。动力触探试验具有设备简单、操作及测试方法简便、适用性广等优点,适用于强风化、全风化的硬质岩石,各种软质岩石土层。动力触探是一种非常有效的勘探测试手段,它的缺点是不能对土进行直接鉴别描述,试验误差较大。

1.2.6 标准贯入试验

标准贯入试验实质上是动力触探试验的一种。它和圆锥动力触探的区别在于其探头不是圆锥形,而是标准规格的圆筒形探头。测试方式采用间歇贯入方法。标准贯入试验的优点是设备简单、操作方便、土层的适应性广,且贯入器能取出扰动土样,从而可以直接对土进行鉴别。标准贯入试验适用于砂土、粉土和一般黏性土。

1.2.7 十字板剪切试验

十字板剪切试验是用插入软黏土中的十字板头,以一定的速率旋转,测出土的抵抗力矩,然后换算成土的抗剪强度的一种原位测试方法。它包括钻孔十字板剪切试验和贯入电测十字板剪切试验。它是一种快速测定饱和软黏土层快剪强度的一种简单而可靠的原位测试方法,这种方法测得的抗剪强度值相当于试验深度处天然土层的不排水抗剪强度,在理论上它相当于三轴不排水剪的黏聚力值或无侧限抗压强度的一半。十字板剪切试验具有对土扰动小、设备轻便、测试速度快、效率高等优点,因此在我国沿海软土地区被广泛使用。该试验可应用于计算地基承载力,确定桩的极限端承载力和摩擦力,判定软土的固结历史。

1.2.8 静力触探试验

静力触探试验是一种常见的检测土体力学参数的原位试验,被广泛运用于土层划分、土质分类及确定岩土工程性质等。该技术利用准静力以恒定的贯入速率将圆锥头通过一系列探杆压入土中,然后根据测得的探头贯入阻力、套筒摩擦力、摩阻比等一系列参数,运用经验公式来判定土体的物理力学特性指标,该技术常用于高速公路、铁路等大范围工程。孔压静力触探技术是在静力触探基础上进行了改进。它是在标准电测式静力触探探头中额外安装了透水滤器及量测孔隙水压力的传感器元件,因此改进后的仪器不仅可以拥有静力触探的常规功能,还可以监测锥头从贯入开始到停止贯入过程中超孔隙水压力随时间的消散过程,用以评估岩土体的渗流、固结特性,提高测试土分层与土质分类的可靠性,以此弥补了静力触探技术无法测试孔压的缺陷。另外,还有一些新型孔压静力触探多功能传感器相继诞生,包括可视化传感器、地震波传感器、热传导孔压静力触探等。

1.3 三轴试验

三轴试验是室内土工试验中最经典的试验之一,主要由压力室、加压系统及测量系统组成,见图 1-3。压力室底座的三个小孔分别与稳压系统以及体积变形和孔隙水压力量测试系统相连接。加压系统由压力泵、调压阀和压力表组成。试验通过压力室对试样施加围压,并在试验过程中根据不同的试验要求对压力予以控制或调节,如保持恒压或变化压力等。试样的轴向压力增量通过与顶部试样帽直接接触的活塞杆来传递,轴力的大小由压力传感器测定。轴向力除以试样的横断面积后得到偏应力 q,偏应力 q 增加使试样剪切破坏。量测系统由排水管、体变管和孔隙水压力量测装置等组成。试验时分别测出试样受力后土中的排水量以及土中孔隙水压力变化情况。试样的竖向变形则利用置于压力室上方的测微表或位移传感器进行测量。

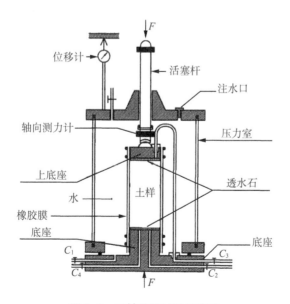

图 1-3 三轴剪切试验示意图

三轴试验通常分为三种试验方法：

1）不固结不排水剪（UU 试验）

试样在施加围压和偏应力直至剪切破坏的整个过程都不排水。因此，从开始加压至试样剪切破坏的过程中，土中的含水率保持不变，孔隙水压力也无法消散。这种试验方法主要用于测试饱和软黏土快速加荷的应力状态，得到的抗剪强度指标用 C_u 和 φ_u 表示，见图 1-4。

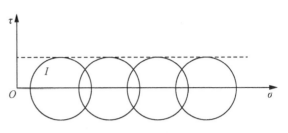

图 1-4　饱和黏性土不固结不排水试验结果

2）固结不排水剪（CU 试验）

试样在施加围压 σ_3 进行固结的同时，打开排水阀门让试样排水，待试样固结稳定后关闭排水阀门施加偏应力，使试样在不排水条件下剪切破坏。由于排水阀门关闭不排水，则试样在剪切过程中没有体积变形，得到抗剪强度指标用 C_{cu} 和 φ_{cu} 表示。固结不排水试验通常被用于测试正常固结土层在工程中受到大量快速活荷载作用时的应力应变情况，见图 1-5。

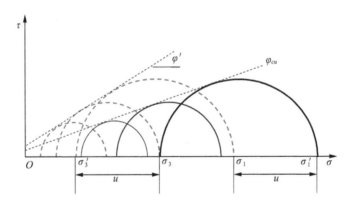

图 1-5　正常固结饱和黏性土不排水试验结果

3）固结排水剪（CD 试验）

在施加围压与偏应力直至试样剪切破坏的过程中保持排水阀门打开，使得试样中的孔隙水压力能够充分消散，得到抗剪强度指标用 C_d 和 φ_d 表示，见图 1-6。

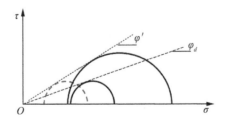

图 1-6　正常固结土固结排水试验结果

1.3.1 摩尔-库伦公式

三轴试验取得的参数结果通常采用摩尔-库伦公式进行计算分析。摩尔-库伦公式常被用于判定土体试样的抗剪强度,其表达式为

$$\tau = \sigma\tan\varphi + c$$

其中,τ 为抗剪强度,σ 为法向应力,φ 为内摩擦角,c 为黏聚力。库伦公式表明:土的抗剪强度由两部分组成,第一部分为摩擦强度,即 $\sigma\tan\varphi$;第二部分为黏聚强度 c。

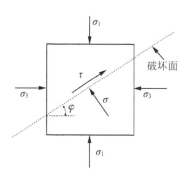

图 1-7 土体微单元应力示意图

假设某一土体单元上作用有大小主应力 σ_1 与 σ_3,法向应力 σ 和剪应力 τ 与大主应力 σ_1 作用面成任意角 φ,见图 1-7,则

$$\sigma = \sigma_1 \cos^2\varphi + \sigma_3 \sin^2\varphi = \frac{1}{2}(\sigma_1 + \sigma_3) + \frac{1}{2}(\sigma_1 - \sigma_3)\cos2\varphi$$

$$\tau = \frac{1}{2}(\sigma_1 - \sigma_3)\sin2\varphi$$

其中,$\varphi \in (-90°, 90°)$。

摩尔应力圆的数学表达式为

$$\left[\sigma - \frac{1}{2}(\sigma_1 + \sigma_3)\right]^2 + \tau^2 = \frac{1}{4}(\sigma_1 - \sigma_3)^2$$

为了表示某一土体单元平面上各方向的应力状态,采用表达某一点应力状态的摩尔应力圆法,即在应力应变坐标系中,按比例在横坐标上截取 σ_1 与 σ_3(即线段 OB 和 OA),再以 AB 两点中心 C 为圆心,以两点距离 AB 为直径作圆,自 CB 逆时针旋转 $2\varphi_f$ 角作射线 CP,使 CP 与圆周交于点 P。可以证明,点 P 的横坐标为法向应力 σ_p,纵坐标为剪切应力 τ_p。由此可见,摩尔应力圆周上的任一点都对应着与大主应力 σ_1 作用面成一定角度的平面上的应力状态,摩尔应力圆可以完整表示该点的应力状态,见图 1-8。

应用摩尔-库伦原理判断土中某点是否发生破坏时,可将摩尔应力圆与抗剪强度包线绘制在同一个 $\sigma-\tau$ 坐标系中,根据摩尔圆与抗剪强度包线的相关位置进行判别,有以下三种情况,见图 1-9。

摩尔圆位于抗剪强度包线下方(圆Ⅰ),则表明通过该点任意平面的剪应力都小于相应平面上的抗剪强度,因此该点没有发生剪切破坏。

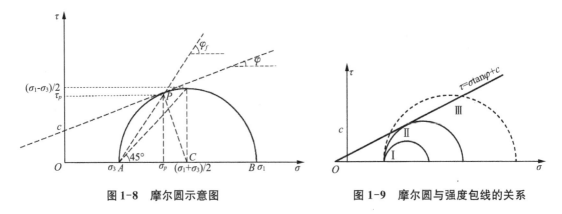

图 1-8　摩尔圆示意图　　　　　　图 1-9　摩尔圆与强度包线的关系

摩尔圆与抗剪强度包线相切（圆Ⅱ），切点代表平面上的剪应力恰好等于抗剪强度，表明该点处于剪切破坏的极限应力状态，与抗剪强度包线相切的圆Ⅱ被称为极限应力圆。

摩尔圆与抗剪强度包线相割（圆Ⅲ），说明该点某些平面的剪应力已经超过了相应面上的抗剪强度，因此该点已经破坏，则圆Ⅲ不存在。

当试样发生剪切破坏时，在剪切带上取一个三角单元体 ABC，假设 BC 边长为 1，则三角单元体的受力情况如图 1-10 所示。

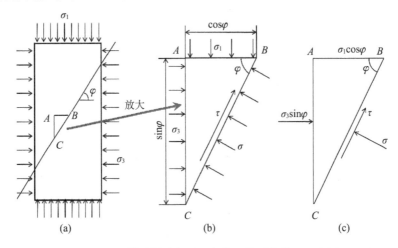

图 1-10　三轴试样破坏时三角单元体受力情况示意图

我们可以写出三角单元体的平衡方程：

$$\sigma - \sigma_1 \cos^2\varphi - \sigma_3 \sin^2\varphi = 0$$

$$\tau + \sigma_3 \sin\varphi\cos\varphi - \sigma_1 \sin\varphi\cos\varphi = 0$$

三角单元体的法向应力与切向应力分别由计算可得：

$$\sigma = \sigma_1 \cos^2\varphi + \sigma_3 \sin^2\varphi = \frac{1}{2}(\sigma_1 + \sigma_3) + \frac{1}{2}(\sigma_1 - \sigma_3)\cos 2\varphi$$

$$\tau = \frac{1}{2}(\sigma_1 - \sigma_3)\sin 2\varphi$$

影响无黏性颗粒介质抗剪强度的主要影响因素之一为初始孔隙率。初始孔隙率越大,表明颗粒试样越松散,颗粒间的移动与重新排列相对越容易,抗剪强度也因此相对较低。相反,初始孔隙率越小,说明颗粒间的接触越紧密,颗粒间移动越困难,因此其抗剪强度相对较大。

图 1-11 表示的是不同初始孔隙率的同种砂土在相同围压下剪切时的应力应变曲线图。密实试样的初始孔隙率较小,在三轴试验的进行过程中,试样的剪切应力首先升高至峰值阶段,随后逐渐减弱至残余应力的某一恒定值,这种现象被称为应变软化。试样在峰值阶段的强度称为峰值强度,在残余应力阶段的强度称为残余强度。密砂受剪初始阶段的体积减小,随后明显增加,最终超过其初始体积。这是由于密砂颗粒间排列较紧密,剪切时砂粒间产生相对移动造成的,称为剪胀性。而松散试样的偏应力随着试验的进行不会产生峰值现象,而是平缓上升后趋于某一恒定值。随着偏应力的增加,试样的体积减小,称为剪缩性。

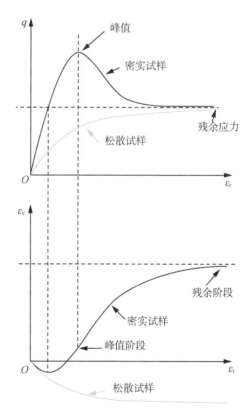

图 1-11　砂土三轴试验过程中的应力-应变曲线图

图 1-12 展示了试样应力应变与孔隙率的关系。对于密实试样,试样孔隙率在初始阶段降低随后升高至极限孔隙率 e_{cd};相反,对于松散试样,试样的孔隙率随着试验的进行而逐渐降低。

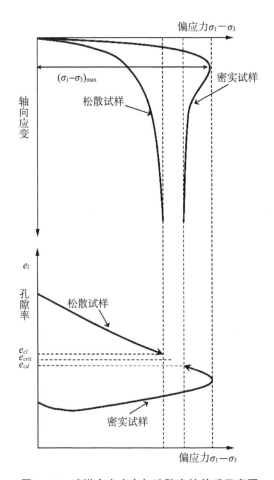

图 1-12　试样应力应变与孔隙率的关系示意图

1.3.2　三轴试验数值模拟

　　目前,不少学者对三轴试验进行了数值模拟,并取得了丰硕的成果。Iwashita 等[1]首次采用二维离散元法模拟了三轴试样的剪切带生成情况。Kumar 等[2]采用三维离散元法通过模拟三轴试验研究了各向异性颗粒介质在不同应力路径下的宏微观力学行为。Belheine 等[3]模拟了三轴试样在排水条件下的抗剪强度。另外,还有不少学者尝试采用不同的边界条件模拟三轴试验。例如,Lee 等[4]采用的由多面体离散单元组成的柔性边界。Kozicki 等[5]运用柔性边界模拟了三轴试样在剪切过程中清晰的剪切带。其剪切带的模拟效果与 Higo 等[6]通过 CT 扫描砂土试样剪切过程中的颗粒位移增量以及颗粒旋转角获得的剪切带效果相似。还有部分研究人员采用周期性边界条件通过模拟三轴试样内的单元体来模拟大规模颗粒试样的三轴试验。

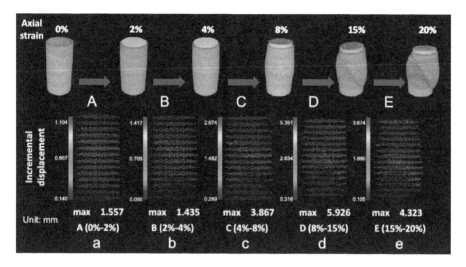

图 1-13　CT 监测下的三轴试样形变变化过程[7]

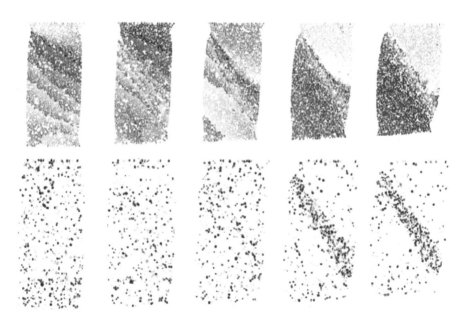

图 1-14　图像重组技术绘制 100 kPa 下砂颗粒的位移与旋转变化三轴试验变化过程

1.4　静力触探试验

1.4.1　静力触探研究现状

　　静力触探被广泛应用于工程实际应用中,张诚厚[8]提出了利用 CPTU 进行土类分层及土质判别的方法。蔡国军等[9]提出了基于孔压静力触探CPTU预测桩基承载力的新方法。Motaghedi等[10]提出了基于CP-TU对土体抗剪强度参数进行预估的方法。Liu等[11]运用CPTU测试了连云港的淤泥沉积与岩土性质。Cai Guojun[12]通过比对CPTU原位测试数据,完成了江苏省地区土层的划分工作。Powell 和 Lunne[13]总结了在英国四个典型黏土场地进行的不同尺寸与规格的锥头贯入试验,试验测试结果判定 10 cm² 规格锥头对原位测试结果

图 1-15 CPTU 测试系统

的误差最小。Monaco 等[14]通过采用地震波与CPTU相结合的手段得到了土体的超固结比的估算方法。由此可见,静力触探技术在岩土工程领域具有巨大的应用价值与发展潜力。

原位 CPTU 技术可以帮助我们了解土体的应力状态。目前,学者发表了许多借助静力触探技术实测参数计算土体超固结比的公式,这些公式分别基于 CPTU 静力触探净锥尖阻力参数、孔压参数变化、有效锥尖阻力等经验公式。然而这些估算土体超固结比的公式都是在一个或多个特定区域的原位数据基础上推导而出的经验公式,并不具有普遍性,因此相关研究还在进一步开展之中。

尽管静力触探原位试验已经取得了不俗的研究成果,但它的适用范围还有局限性,统一程度还不够高。目前各大科研院所对静力触探技术进行数值模拟研究时选取土体的本构模型与参数也并不相同,极易造成计算差异,按照其试验结果推导出来的经验公式也不胜枚举,难以统一。因此提出完善的静力触探测试贯入机理,开发合理有效的静力触探数值模型,规范数值模型的参数取值将是岩土科学界亟待解决的问题。

1.4.2 静力触探贯入机理研究

当静力触探锥头贯入土体中时,土的变形及破坏过程非常复杂。若把贯入看成准静态过程,则整个问题的解应满足平衡方程、几何方程、力与位移边界条件及土的本构关系等。但是影响锥头阻力的因素有很多,如土的刚度及可压缩性等,而且现行的本构关系也不能精确地反映真实土的特性,所以要得到精确解非常困难,因此常用近似理论进行分析,包括承载力理论、滑移线法、孔穴扩张理论、运动点位错法、应变路径法等。然而这些理论都有其局限性,如承载力理论中的极限平衡法只考虑了破坏土体的整体平衡,并不满足每点处力的平

衡,而且不考虑土的变形;滑移线法同样不考虑土的变形;孔穴扩张理论将锥头的贯入近似为孔穴的扩张,实际上是对运动边界条件做了近似假定;而运动点位错法将土体看成是弹性的;应变路径法只能近似解决饱和黏土情形。

1.4.2.1 极限承载力理论

极限承载力理论是土力学地基承载计算的经典理论,它是把锥头贯入等效为深基础的极限承载力,并采用极限平衡法和滑移线理论两种方法来确定锥尖阻力。极限平衡法是在假设破坏模式的基础上,通过分析土体整体平衡来确定破坏荷载,最后得到锥尖阻力。假定在桩端以下发生一定形状的剪切破坏面,对土体进行整体平衡分析,得到破坏荷载。Terzaghi[15]假设极限平衡体的上表面与锥肩面齐平,上覆土换算成作用于平衡体上表面的面力;其他几种破坏模式的平衡体表面则高于或低于锥肩截面,高于锥肩面的模式较适用于剪胀性土,低于锥肩面的模式则较适用于剪缩性土。

图 1-16 列举了四种用来分析深层贯入问题的破坏机理。这四种破坏机制反映了锥头深层贯入过程中塑性区的形状及研究者对该问题不同的处理方法。

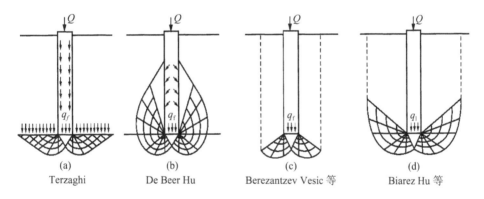

(a) Terzaghi   (b) De Beer Hu   (c) Berezantzev Vesic 等   (d) Biarez Hu 等

图 1-16 几种深层贯入的破坏模式

滑移线法将摩尔-库伦屈服准则与土体的塑性差分平衡方程相结合,给出表征塑性平衡的微分方程。通过这组方程求得大主应力及平均主应力的方程组,并通过滑移线法求解,最终建立滑移线网络。

承载力理论的局限性在于:

(1)在承载力分析中,土的变形被忽略,这意味着没有考虑土的刚度和压缩性对锥头阻力的影响。

(2)承载力分析方法忽略了贯入过程中探杆周围土的初始应力状态的影响,尤其是贯入以后探杆周围水平应力趋向于增加的影响。

(3)滑移线法比极限平衡法相对严格,它既能满足平衡方程又能满足滑移线网格内部任意点的屈服准则,而极限平衡法仅满足整体的平衡。根据刚塑性滑移线法,在塑性破坏之前,土为刚体无变形,当土体受力增加至极限时,滑移线场内整体塑性流动。显然,这与实际不符,本构关系的刚塑性简化会带来误差,但若考虑弹性变形和应变硬化、软化效应,则数学上难以求解,从而失去滑移线法的简捷性。

(4)滑移线法、极限平衡法都是应力静定的,求锥尖阻力 q_c 时没有直接考虑塑性区内的变形,也就不能考虑压缩性、剪胀和压碎效应。二者考虑的都是静态加载,没有涉及贯入所产生的较高垂直应力和水平应力。

(5)承载力理论不能求解出孔压。

通过比较发现,黏土中锥尖阻力的承载力理论解比现场实测结果平均低30%~45%,而砂土中锥尖阻力的承载力理论解与浅层贯入时实测结果符合较好。

1.4.2.2 孔穴扩张理论

孔穴扩张理论把锥尖的贯入假定为弹塑性无限介质中的球形孔穴扩张,其所需的压力与相同条件下扩张为相同体积的孔穴所需的压力成正比。使用孔穴扩张方法预测锥尖阻力有以下两个步骤:

(1)求得土中孔穴扩张极限压力的理论解(解析解或数值解);

(2)建立孔穴扩张极限压力和锥尖阻力之间的关系。

根据孔穴扩张理论,当锥头贯入时,探头锥尖下方孔穴扩张,孔压变化受平均正应力增大的影响,剪应力变化对孔压影响不大。而在探头的圆柱部分,孔穴扩张引起的正应力逐渐减弱,剪应力成为孔压变化的主要影响因素。孔穴扩张理论分球形扩张与圆柱形扩张两种基本分析方法。Baligh[16,17]在用孔穴扩张理论求解锥尖阻力时,已将内摩擦角随深度的变化效果考虑进去。他假设土的破坏包络线是弯曲(外凸)的,这使得在深贯入时锥尖阻力增加速度变慢。当发现土的刚度降低时,强度各向异性对锥尖系数有较大影响,但这种影响不会超过15%。孔穴扩张理论同时考虑了贯入过程中土的弹性形变和塑性形变,以及贯入过程对土体初始应力状态的影响和锥头周围土体应力主轴的旋转。因此孔穴扩张理论较承载力理论更能反映实际情况。Ladanyi 和 Johnston[18]认为锥面上的法向应力假设等于从零半径扩张为球形孔穴所需的力(图 1-17(a));Vesic[19]、Chen 和 Juang[20]认为锥头阻力通过破坏机理(图 1-17(b))和球形孔穴极限压力联系起来;Salgado[21]将锥头阻力通过近似滑移线分析(图 1-17(c))和圆柱形孔穴极限压力相联系;Yasufuku 和 Hyde[22]将锥头阻力通过简单的破坏机理(图 1-17(d))和球形孔穴极限压力联系起来。

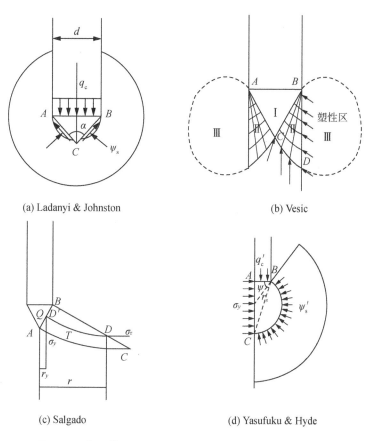

(a) Ladanyi & Johnston   (b) Vesic

(c) Salgado   (d) Yasufuku & Hyde

图 1-17 假设的圆锥探头阻力和孔穴极限压力之间的关系

1.4.2.3 应变路径法

应变路径法,又称稳态法,是由 Baligh 等[16]学者经过十多年的研究于 1985 年正式提出来的。应变路径法主要用于分析饱和黏土的桩基础及深层 CPT 贯入问题。对于轴对称探头在饱和黏土中的准静力贯入,忽略黏性、惯性效应,将不排水剪切造成的塑性破坏看成是定向流动问题,即将探头贯入过程看作是锥头静止,而土颗粒向其移动。该方法假设土的应变不受剪切强度及应力分布的影响,通过沿周围分布的流线向探头贯入的反向流动,不同流线上每个单元的变形、应变、应力和孔压可以计算求解。构造流场主要有两种分析方法:Rankine 法和保角映射法。Baligh 由应变路径法得到的锥尖阻力系数平均比现场实测结果小 20%。

1.4.2.4 运动点位错法

位错又可称为差排(dislocation),在材料科学中,指晶体材料的一种内部微观缺陷,即原子的局部不规则排列(晶体学缺陷)。从几何角度来看,位错属于一种线缺陷。因为运动的正常点位错的行为与锥头的贯入之间存在一致性,所以 Elsworth[23-25]用位错法对锥头贯入过程中超静孔压的产生、消散及锥头阻力等进行了研究。运动点位错法适用于饱和土,在研究超静孔隙水压产生的同时考虑了部分排水,这是运动点位错法相较于其他方法的优势。Elsworth 的研究发现,在其他参数不变的情况下,超静孔压产生的速度随贯入速度的增加而增加,随固结系数的增大而减小,而锥头贯入停止后超静孔压的消散速度却恰恰相反。在空间上,无论是孔压的产生还是消散,任意时刻的孔压等值线都会随贯入速度的增加和固结系数的减小而变得扁平。超静孔压的这些规律会影响到锥头的贯入阻力。

考虑到部分排水,Elsworth 提出的锥头阻力的计算公式为

$$q_c = C_v \frac{\mu}{k} \frac{3(1-v_u)}{B(1+v_u)}$$

式中,C_v 为固结系数;B 为 Skempton 孔压系数;μ 为动态黏性系数;v_u 为不排水泊松比。

Elsworth 运用运动点位错法的结果来预测固结系数,与现场实测值符合较好。

1.4.3　静力触探参数与土体状态参数关系

1.4.3.1　与超固结比 *OCR* 的关系

土的超固结比 *OCR* 定义为历史上土层受到的最大有效固结应力(前期固结压力)与当前有效应力之比,这一定义对于力学意义上的超固结土(由于地层剥蚀上覆应力减小)是合理的,但是对于结构性土层,超固结比 *OCR* 表示的是屈服应力与当前有效应力之比,而屈服应力又与荷载的方向和类型有关,因此情况就变得比较复杂。采用 CPT 或 CPTU 数据来估算 *OCR* 的方法大致分为三类:

1) 采用不排水抗剪强度 S_u 估算 *OCR*

Schmetmann[26]采用了如下估算 *OCR* 的方法,步骤如下:

(1) 首先利用 CPT 或 CPTU 估算不排水抗剪强度 S_u;

(2) 利用划分的土层剖面估算有效垂直压力 σ'_{v0}(最好使用室内土工参数),然后计算 S_u/σ'_{v0};

(3) 利用塑性指数(I_p)估算相应的正常固结土的比值 S_u/σ'_{v0};

(4) 利用图 1-18 所示的关系曲线估算 *OCR*。

如果无法获得 I_p 的数值,可以取 $S_u/\sigma'_{v0}=0.3$ 作为相对应的正常固结土的比值。

2) 采用 CPTU 锥尖阻力 q_c 大小范围估算 *OCR*

可以通过锥尖阻力曲线的形状来大致估算前期固结压力,然后进一步得到 *OCR*。对于正常固结黏土,归一化的锥尖阻力随着塑性指数 I_p 的波动规律一般在如下范围内变化:

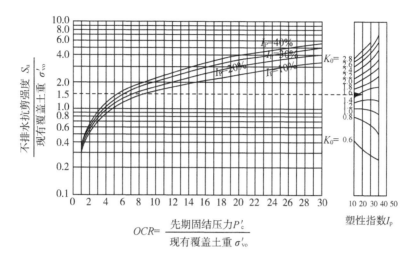

$$OCR = \frac{先期固结压力 P'_c}{现有覆盖土重 \sigma'_{vo}}$$

图 1-18　利用 S_u / σ'_{v0} 和 I_p 估算 OCR 和 K_0

$$Q_t = \frac{q_c - \sigma_{v0}}{\sigma'_{v0}} = 2.5 \sim 5.0（取决于 I_p）$$

如果土层的 q_c 超出上述计算范围,则该土层可能为超固结土。

通过 CPTU 试验得到的 q_c 曲线与上式确定的 q_c 理论范围相比较,如果测得的 q_c 曲线接近于理论曲线,则该土层可认为是正常固结土;如果测得的 q_c 显著偏大,则该土层可认为是超固结土;如果测得的 q_c 低于理论曲线,则该土层可认为是欠固结土。

3）直接采用 CPTU 测试参数估算 OCR

Wesley[27]将孔穴扩张理论和临界状态理论相结合,提出了估算 OCR 的半经验半解析公式:

$$OCR = 2 \left[\frac{1}{1.95M + 1} \left(\frac{q_c - u_2}{\sigma'_{v0}} \right) \right]^{1.33}$$

式中, $M = \dfrac{6\sin\varphi'}{3 - \sin\varphi}$, φ' 为临界状态曲线的坡度。

该关系式只适用于孔压过滤器位于锥肩位置(即 u_2 位置)的孔压静探试验。图 1-19（a）显示了 $1 < OCR < 6$ 的黏土超固结比 OCR 测试值与采用上述方法的预测值之间的关系;图 1-19（b）为 $6 < OCR < 60$ 的比较结果,图中有效内摩擦角的变化范围为 $20° \leqslant \varphi' \leqslant 43°$,图中表明,预测值和实测值是比较吻合的,并与有效内摩擦角密切相关。

图 1-20 为国外几个场地的计算和测试的比较结果。

Lunne 等[28]推荐的采用 CPTU 测试参数直接估计黏性土 OCR 的方法如下:

（1）对于缺少经验的地区,可用归一化锥尖阻力 q_t 的曲线来估算 OCR。其关系式可以用以下简单的表达式:

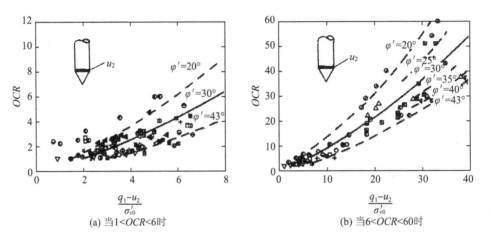

(a) 当1<OCR<6时　　　　　　　　　(b) 当6<OCR<60时

图 1-19　OCR 与归一化参数（$q_t - u_2$）/σ'_{v0} 之间的关系图

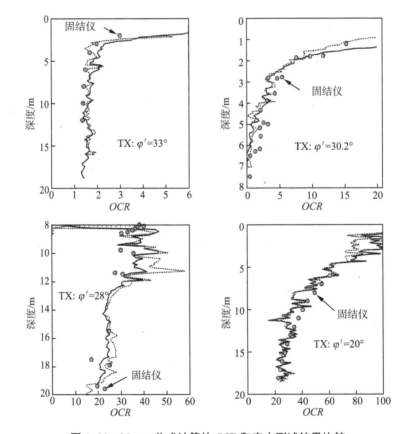

图 1-20　Mayne 公式计算的 OCR 和室内测试结果比较

$$OCR = k\left(\frac{q_c - \sigma_{v0}}{\sigma'_{v0}}\right)$$

k 的平均值为 0.3，变化范围在 0.2～0.5 之间。

（2）对于相同的土层，有经验可以借鉴时，上述建议的方法应与经验值进行协调，使之更符合实际并提供更可靠的 OCR 分布剖面图。

（3）对于大型工程项目，当具有其他高质量的现场和室内试验资料时，应根据相关的、可靠的 OCR 数据，建立实用的 OCR 计算公式。

1.4.3.2　与侧压力系数K_0的关系

土的初始应力状态可以用侧压力系数 $K_0 = \sigma'_{h0} / \sigma'_{v0}$ 表示，无论是通过土工试验还是原位测试它都是最难以精确测定的参数之一。对加荷-卸荷具有简单应力历史的土体来说，可利用以下公式进行计算：

$$K_0 = (1 - \sin\varphi')OCR^{\sin\varphi'}$$

这个表达式基于黏土、粉土、砂土和砾石的高压固结试验、三轴应力路径试验和其他室内试验。对黏土采用原位标定罐试验、旁压试验和水力劈裂试验，结果总结如图 1-21 所示。对砂土，由于取样困难，采用原位旁压试验（PMT）发现，侧压力系数 K_0 随 OCR 的增大而增大，如图 1-22 所示。

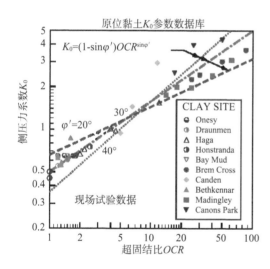

图 1-21　黏土K_0测试的原位数据汇总　　　　图 1-22　砂土K_0的 PMT 测试的原位数据汇总

目前，利用 CPTU 资料确定估算原位水平应力 σ_{h0} 或侧压力系数 K_0，有以下几种方法：

1）利用 OCR 估算 K_0

首先，利用 CPTU 的数据估算 S_u 和 S_u / σ'_{v0}，或者估算 OCR，利用塑性指数 I_p 和 S_u / σ'_{v0}，估计 K_0 值，该方法一般适用于超固结土。

2）根据净锥尖阻力估算 K_0

Kulhawy 和 Mayne 建议采用图 1-23 中公式估算 K_0 值，该图中的 K_0 测试值来源于自

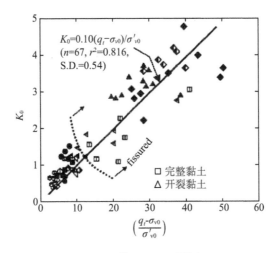

图 1-23　基于 CPTU 预测K_0

钻式旁压仪测试结果,可以看出二者之间有一定的离散性,因此该公式也是一种近似估计。

3)利用侧壁摩擦力估算

已有许多学者尝试建立侧壁摩擦力 f_s 与现场水平应力 σ'_{v0} 之间的经验关系式。Masood 等[29]提出了如图 1-24 所示的根据侧壁摩擦力 f_s、估算 OCR 值预测K_0的方法。

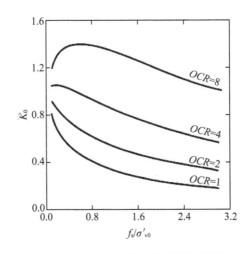

图 1-24　f_s、OCR 和K_0之间的关系图

1.4.4　静力触探数值模拟研究现状

许多学者通过采用有限元数值模拟的方法对静力触探贯入过程进行研究。Winfred[30]采用三维有限元法考虑颗粒破碎的土本构模型,分别在砂土和黏土中进行贯入试验模拟,并

指出锥尖阻力值随贯入深度增加而波动性增大。Huang 等[31]通过二维轴对称有限元法对静力触探进行模拟,假定静力触探探头为刚体,土体为理想弹塑性,分析了探头周围土体的变形模式,并得出静力触探技术的稳态贯入现象更接近于孔穴扩张原理而非承载力原理的结论。Wei[32]利用三维有限元法考虑各向异性修正剑桥黏土模型,研究了倾斜孔压静力触探贯入黏土的应力状态、位移和孔压的变化规律。Lu 等[33]采用 Tresca 屈服准则,量化了刚度指数、原位应力各向异性指数和锥体摩擦系数,讨论了探头周围的应力分布特征和塑性区范围,建立了黏土中探头圆锥系数的理论表达式。然而运用连续介质理论分析颗粒体系时,无论采用何种本构模型,计算结果的精度取决于模型的参数,而这些模型参数往往没有明确的物理意义;另外,有限元法无法考虑土体内部结构及土颗粒之间的接触关系。而岩土体通常被看作是各种不同性质、大小和形状的岩土块颗粒组成的集合体,所以将颗粒接触的思想运用于土体力学研究也日渐广泛。

目前已有学者开始采用离散元法模拟静力触探贯入试验的研究。Grenon 等[34]运用 DFN-DEM 耦合法模拟静力触探试验,提出了一种系统评估控制岩体性质结构参数并计算岩体内部应力状态变化的方法。刘海涛[35]对无黏性颗粒剪切试验和贯入试验进行了离散元模拟,验证了通过贯入试验获得原位水平应力的可行性。周健等[36]模拟研究了锥尖贯入土体过程的细观力学特征,重点分析了静力触探贯入过程中砂土的位移运动规律、应力场及主应力的偏转,并分析了土体模型不同的应力条件及超固结比 OCR 对锥尖贯入阻力的影响规律。Jiang 等[37]利用二维离散元法对静力触探进行了数值模拟,图 1-25 分析了应力路径与应力场,讨论了用于静力触探试验的粒状材料本构模型。Ciantia 等[38]采用三维离散元法模拟了静力触探贯入砂土的过程,通过模拟不同初始孔隙率与初始应力状态的土层,给出了锥尖阻力在锥头尺寸影响下的修正公式。Arroyo[39] 等人研究了颗粒破碎对 CPT 在校准室中锥尖阻力的影响。研究结果表明可压碎的颗粒材料的锥尖阻力对土体初始密度不敏感。Butlanska 等[40-42]研究了标定罐尺寸效应对 CPT 贯入参数的影响。Fala-gush 等[43,44]在使用离散元法模拟静力触探试样时同时考虑了孔穴扩张理论与颗粒破碎效应。

孔压静力触探技术正向多功能、多领域应用方向发展,这些拓展应用既需要相应的理论支撑,又需要工程实践。目前业界对不同土应力状态下 CPTU 参数的变化机理还不够明确,温度变化条件对 CPTU 测试参数的影响研究几乎是空白,而数值模拟方法是揭示孔压静力触探机理、模拟工程应用的有效手段。目前国内外运用离散元法对静力触探进行的研究,主要集中于砂土层贯入模拟,黏土层的相关研究鲜见文献报道,有关正常固结土、超固结土、欠固结土对 CPTU 贯入过程中参数影响的相关数值模拟研究进展较为缓慢。因此,开展 CPTU 技术在不同应力状态与温度影响下的贯入试验模拟研究,具有重要的理论意义和工程应用前景。

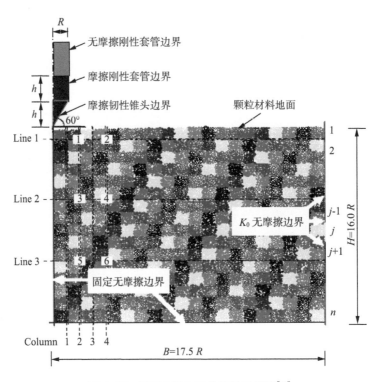

图 1-25　CPTU 贯入二维离散元模型[37]

第二章 离散元数值模拟

2.1 数值模拟简介

随着我国土建工程的高速发展,工程条件的复杂化、多样化,土工试验可以胜任的土体力学参数测定工作越来越不能完全满足工程需求。另外,土工试验耗时长,成本高,也成了土工试验的一大弊端。解析解法是解决科研与工程问题的良好手段,然而解析解法通常建立在理想假定条件的基础之上,无法涵盖科研与工程问题的复杂性,同时解析解法对技术人员的数学要求很高,从而导致其应用的普及性不强。因此,借助高速发展的计算机,采用数值模拟的方式解决岩土领域的科研与工程问题已成为科研工作者与工程技术人员不可或缺的手段。

相较于试验方法与解析解法,数值模拟是一种成本较低的手段。通过数值模拟法可以构建复杂模型,在材料上任意施加复杂荷载,模拟传统实验无法达到的条件,并通过采集模型任意点面的应力应变位移等参数,从宏观以及微观多尺度对工程问题进行研究分析。因此数值模拟的方法可以弥补试验方法与解析解法的不足,是解决科学问题与工程实际问题的良好途径。

岩土工程领域的数值模拟法主要有连续介质分析法与非连续介质分析法之分。连续介质分析法主要包括有限元法、有限差分法、块体理论等。非连续介质分析法包括块体离散元法、颗粒离散元法、不连续变形分析法等。下面逐一对相关数值模拟方法的原理进行简要介绍。

2.1.1 有限元法

有限元法(FEM)是基于近代计算机的快速发展而迅速崛起的一种近似数值模拟方法,常用来解决力学、数学中的带有特定边界条件的偏微分方程问题[45]。有限元法的核心思想是"数值近似"和"离散化",它把复杂的整体结构离散到有限数量的单元内,并把这种理想化的假定和力学控制方程施加于这些单元,然后通过组装单元得到结构总刚度方程,再通过边界条件和其他约束解得到结构总反应。总结构内部每个单元的反应可以通过总反应的一一映射得到,以此避免直接建立复杂结构的力学和数学模型。在岩土工程中,有限元法常用于复杂地质地貌的边坡计算,并能考虑土体的非线性弹塑性本构关系。然而有限元法不能计算颗粒间的复杂接触行为,无法描述接触力的变化规律等。

2.1.2 有限差分法

有限差分法(FDM)又称快速拉格朗日差分法。该方法将求解域划分为差分网格,用有限个网格节点代替连续的求解域。有限差分法以泰勒级数展开,把控制方程中的导数用网格节点上的函数值的差商代替进行离散,建立以网格节点上的值为未知数的代数方程组,从而直接将微分问题变为代数问题的近似数值解法。有限差分法数学概念直观,表达简单,是发展较早且比较成熟的数值方法。有限差分法通常用于处理大变形问题。

2.1.3 块体理论

非连续变形分析法(DDA),又称块体理论,它是美籍华裔科学家石根华博士于1988年提出来的用以模拟岩体非连续变形行为的全新的数值方法。该算法以离散的块体集合作为模拟对象,引入刚体动力学分析和时步积分技术,基于最小势能原理建立总体平衡方程,将刚体位移和块体变形放在一起,全部块体同步进行求解。它的主要优势在于求解具有节理面或断层等非连续性岩体的大变形问题,可以根据块体结构的几何参数、力学参数、外部荷载约束计算块体的位移、变形、应力应变以及块体离合情况。由于该方法抓住了岩体变形的非连续和大变形两个物理特征,因此受到了国际学术界和工程界的广泛重视和推崇,成为当今岩土力学主流数值算法之一。

2.2 离散元法历史与原理

离散元法首先由 Cundall 和 Strack[46]在1971年提出,该方法最初用于分析准静力或动力条件下的节理系统以及块体结合的力学问题。几年以后,开发了第一个版本的二维离散元程序称为 DEM BALL,这也是后期 Cundall 和 Stack[47]开发的程序 Trubal 的原型。该程序采用弹簧-阻尼器经典力学模型描述接触力。该模型首先被 De Josselin De Jong 和 Verruijt 两位学者采用图像分析法验证。1988年,Cundall[48]更新了新版本的程序 Trubal 并引入了周期性边界条件的概念。同年,桑顿和兰德尔在程序中嵌入了 Hertz Mindlin 接触法则,此外,他们还开发了一套新的离散元程序 GRANULE 用于考虑湿颗粒间的弹塑性接触。

在大多数离散元数值模拟中,颗粒模型通常采用二维圆盘形或三维球形,因为两种模型只需要考虑颗粒运动平面运动以及旋转的平衡方程。此外,圆盘形或球形的接触点更容易识别。当然,颗粒的形状变化对颗粒介质的力学行为有较大的影响,越来越多的离散元计算为了追求模拟的真实性而考虑颗粒形状的复杂性。Ting 等人研究了颗粒的二维椭圆形状，结果表明，椭圆颗粒的计算模拟结果比二维圆盘形更好，因为颗粒形状最接近于真实的粒子。1994 年，Ng 和 Dobry[49]研究了土壤颗粒的单调和循环加载，并得出了材料的宏观摩擦角与颗粒间的微观摩擦系数呈线性增加的线性关系。1998 年，Iwashita 等[50]提出采用颗粒间滚动摩擦系数来模拟不同形状颗粒间的摩擦转动影响。2002 年，Sitharam 研究了周期性边界条件下各向同性压缩以及三轴加载条件下颗粒材料的力学行为。2003 年，Jiang 等[51]提出了逐层压实法制备密实均质材料。自 2005 年以来，随着离散元的不断普及和推广，越来越多的离散元程序被开发并应用于科研工程等领域。目前比较流行的离散元程序包括 PFC 2D、PFC 3D、EDEM、Yade，以及块体离散元程序 rockyDEM 等。

目前离散元数值模拟法被越来越多地运用在岩土力学领域。离散元法通过考虑颗粒之间的接触，不仅可以从宏观角度研究物质的力学行为，还可以从微观角度研究颗粒介质的细观接触。离散元法与有限元法有极大的不同之处。有限元法主要用于模拟连续介质，它无法单独研究非连续介质例如块体或颗粒的相对运动与颗粒的旋转等问题。而在离散元法数值模拟的假设中，物体是由大量的离散颗粒构成的，在颗粒重新排列组合的过程中，颗粒接触不断地产生与消失，通过计算颗粒间产生的接触力可以推断颗粒的宏观力学行为。在岩土工程方面，离散元法被用于模拟软土地基、岩石破碎、山体滑坡、沥青砂浆等问题。近年来，离散元法的发展不仅仅局限于颗粒介质传统力学问题的研究，还在与有限元耦合解决连续体与散体问题、流固耦合问题、热力耦合问题等方面取得了长足的进步，使得离散元法再次焕发出强大的生命力。

2.3　离散元法运算流程图

离散元法数值模拟采用循环迭代的计算方式运行，见图 2-1。每次循环计算开始时，颗粒坐标已知，颗粒坐标既可以随机生成也可以通过其他文件导入。初始时刻，颗粒所受的外力清零，接着对颗粒进行接触扫描，颗粒接触列表更新后我们可以计算施加在颗粒上的接触力与接触力矩，然后应用牛顿第二运动定律计算颗粒的加速度与角加速度，并取得颗粒在单位时间内的位移量，以便在下一时间步长更新颗粒的相关运动参数。

离散元法数值模拟建立在以下几点假设的基础上：

（1）颗粒是刚性的且不可变形，但是颗粒之间允许重叠。颗粒间的重叠量将被用于计算接触力的强度。

（2）在每个时间步长，更新颗粒接触列表。

（3）每次的接触判断只涉及两个颗粒，若一个颗粒同时与两个或多个颗粒接触，则依次计算该颗粒与其他颗粒的接触力，最后计算施加在该颗粒上的合力。

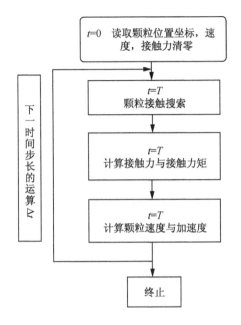

图 2-1　离散元循环计算流程图

（4）时间步长的设定非常小以保证颗粒与其他颗粒正常接触，防止颗粒的相互"穿越"。

2.4　接触的识别

离散元颗粒接触识别算法直接影响整个模型的计算时间。设想在一个含有 N 个颗粒的模型系统中，若单个颗粒与其他所有颗粒都进行接触判断，则整个系统将进行 $N(N-1)$ 次接触判断，这将大大增加电脑的计算量。因此，高效的接触识别算法可以优化模型，减少程序的运行量与计算时间，使得模型更加快捷与高效。

目前，有数种接触识别的算法被用于提高颗粒接触判断的效率。其中，为了快速更新颗粒间相邻接触的列表，Poschel 与 Schwager[52]采取了 Verlet 列表进行接触判断。这个列表通过减少潜在接触颗粒的数量来加快计算速度。潜在的颗粒间接触列表每个时间步长都进行更新。网格区域的灵活运用也可以用于确定颗粒的相邻接触情况。整个模型的空间被分成正方体网格区域。每个网格空间的尺寸取值必须满足可以容纳最大尺寸颗粒的要求，并且该尺寸取值不在计算中变化。另外，若系统中最大颗粒与最小颗粒的尺寸相差过大，将影响计算时间，因为假如每个网格中包含多个小颗粒，接触列表的更新时间将相对延长，算法如图 2-2 所示。

每组颗粒的接触将通过以下公式进行接触判断：

$$\delta_{\mathrm{n}} = r_i - r_j - \sqrt{(x_i - x_j)^2 + (y_i - y_j)^2 + (z_i - z_j)^2}$$

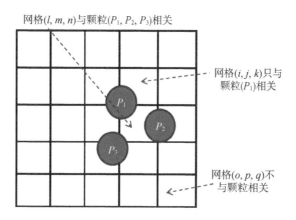

图 2-2　潜在颗粒的接触判断

式中，δ_n 是两颗粒圆心的距离，r_i 和 r_j 分别为接触颗粒的半径，(x,y,z) 分别为颗粒 i,j 的坐标。若 δ_n 大于零，则两颗粒不接触；相反，若 δ_n 小于或等于零，则两颗粒接触。

2.5　接触模型

2.5.1　线性刚度接触模型

接触刚性模型是在颗粒接触力和相对位移之间规定弹性关系。法向和切向接触力与其相对位移关系见公式：

$$\vec{F}_n = k_n U_n \vec{n}$$

式中，k_n 为法向接触刚度，U_n 为位移，$\vec{n}$ 为接触法向。

线性刚度模型使用两个接触实体（球体与球体或者球体与墙体）的法向刚度和切向刚度，并假定两个接触实体 A 与 B 的刚度串联在一起作用，法向刚度 k^n 与切向刚度 k^s 分别由以下公式计算：

$$k_n = \frac{k_n^A k_n^B}{k_n^A + k_n^B}$$

$$k_s = \frac{k_s^A k_s^B}{k_s^A + k_s^B}$$

2.5.2　平行黏结模型

目前常用于模拟胶结物的离散元方法有两种：第一种方法是采用比土颗粒更细小的颗

粒将胶结物填充在接触周围,细小颗粒之间以及细小颗粒与土颗粒之间通过简单胶结模型"黏结"在一起。这些细小颗粒团簇能近似模拟胶结物。该方法的优点在于胶结物团簇破坏后自然形成细小碎散胶结物填充在土颗粒孔隙中,因此能反映胶结物的存在对试样密实度及级配的影响。然而该方法中胶结物分布很难控制,而且需要大量的细小颗粒才能更好地模拟"胶结物"团簇,对计算机计算能力要求极高。第二种方法是采用胶结接触模型反映胶结物的存在对接触特性的影响。该方法简单快捷,计算效率高,但要求胶结接触模型能够反映胶结接触的变形与强度特性。本书在模拟中采用第二种方法,从胶结接触的变形(刚度)和强度特性出发研究颗粒接触点胶结物的力学特性。

当两个接触的颗粒黏在一起,在黏聚力没有达到极限力时两颗粒之间的接触力是线弹性的。图 2-3(a)为颗粒胶结物的微观结构照片。从图 2-3(a)中可以看到,胶结物主要存在于颗粒接触处。图 2-3(b)为离散元模拟中采用的理想化胶结散粒体的二维微观结构。在二维离散元中,砂土颗粒可简化为圆盘。胶结物存在于相互接触颗粒间的连接处。在胶结物含量较低时,胶结物填充于粒间孔隙或附着于颗粒表面的部分对胶结砂土宏观力学特性影响很小。

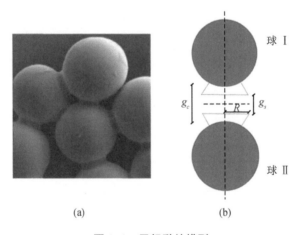

图 2-3　平行黏结模型

利用颗粒间的法向力和切向力之和,计算线性平行键模型的力与位移规律可用以下公式:

$$\vec{F} = \vec{F_\mathrm{n}} + \vec{F_\mathrm{s}}$$

平行黏结键的间隙 g_s 描述为颗粒表面的累积相对法向位移,可用下式计算:

$$g_\mathrm{s} = \sum \Delta \delta_\mathrm{n}$$

式中,$\Delta \delta_\mathrm{n}$ 代表两平行键之间的相对法向位移增长量。

法向与切向力 $\vec{F}_{n,s}$ 计算公式为：

$$\vec{F}_{n,s}^{t} = \vec{F}_{n,s}^{t-1} + k_{n,s}A\Delta\vec{\delta}_{n,s}$$

式中，$k_{n,s}$ 代表法向与切向刚度，A 代表平行黏结键截面积，$\Delta\vec{\delta}_{n,s}$ 代表法向与切向的位移增长量。

图 2-4(a)表示了法向力 $\vec{F}_n$ 随着 $\vec{\delta}_n$ 的增长而增长，当法向力 $\vec{F}_n$ 达到抗拉强度极限时，如果两颗粒间的平行黏结键破裂，则法向力 $\vec{F}_n$ 跌回零值。同时，图 2-4(b)表示了切向力 $\vec{F}_s$ 随着 $\vec{\delta}_s$ 的增长而增长，若达到剪切强度极限后，两颗粒间的平行黏结键破裂，则法向力 $\vec{F}_s$ 降低到残余剪切强度。

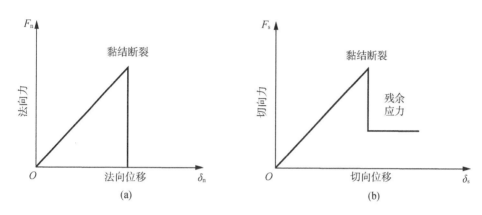

图 2-4　平行黏结模型法向力与切向力变化曲线

2.5.3　Hertz-Mindlin 接触模型

Hertz-Mindlin 接触模型[53]是由 Mindlin 在 Cundall 理论的基础上得出的一种非线性接触模型，见图 2-5。

法向力由部分弹性接触与黏性接触组成。

$$\vec{F}_{n,ij} = -\left(\frac{4}{3}E\sqrt{R}\,d_n^{\frac{3}{2}} + \gamma_n E\sqrt{R}\,\sqrt{\delta_n}\,\dot{\delta}_n\right)\vec{n}_{ij}$$

式中，d_n 是颗粒接触重合部分，γ_n 是阻尼系数，$\sqrt{R} = R_iR_j/(R_i+R_j)$ 是有效颗粒半径，E 是弹性模量。

当颗粒间存在切向移动时，Mindlin 法则被用于计算颗粒间的微滑移量。切向力可通过下列计算公式获得：

$$\Delta\vec{F}_{s,t} = -8G\sqrt{R_{ij}d_n}\,\vec{v}_t\Delta t$$

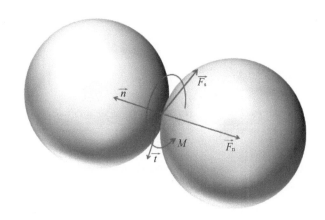

图 2-5　三维颗粒接触力示意图

式中，R_{ij} 是颗粒的有效半径，$\vec{v_t}$ 是单位时间颗粒间的切向相对位移。

切向模量通过下列公式计算得到：

$$G = 4\left[\frac{(2-v_i)(1+v_i)}{E_i} + \frac{(2-v_j)(1+v_j)}{E_j}\right]^{-1}$$

式中，v_i，v_j 与 E_i，E_j 分别是颗粒的泊松比与弹性模量。

另外，切向力计算应满足库仑定律，即不能大于法向力与静摩擦系数的乘积：

$$F_{s,t} \leqslant \mu_s F_{n,t}$$

式中，μ_s 是静摩擦系数，$F_{n,t}$ 是法向力。

2.5.4　颗粒滚动摩擦

通常离散元模型采用 2D 圆盘或 3D 球颗粒建模。然而在实际中，颗粒的形状是不规则的，不规则颗粒的棱角与颗粒表面的粗糙部分在颗粒接触点产生力矩，从而对颗粒的移动产生阻碍。为了使离散元 2D 圆盘模型与 3D 球颗粒模型的模拟结果更贴近现实，滚动摩擦系数被用于计算抗阻力矩。

$$T_{ij} = -\mu_{rol} \times F_{n,ij} \times R_{ij} \times \left(\frac{w_i - w_j}{|w_i - w_j|}\right)$$

式中，μ_{rol} 是滚动摩擦系数，$F_{n,ij}$ 是法向力，R_{ij} 为颗粒有效半径，w_i、w_j 分别是颗粒的滚动角速度。

2.6　颗粒运动

颗粒运动遵循牛顿第二定律。在每个时间步长内，通过计算施加在每个颗粒上的合力

与合力矩,我们可以计算当前颗粒的加速度与角加速度:

$$\ddot{x}_i = \frac{F_i}{m_i}$$

$$\ddot{w}_i = \frac{m_i}{I_i}$$

式中,m_i 是颗粒质量,I_i 是惯性矩。

颗粒的速度计算公式:

$$\dot{x}_{i,t+\Delta} = \dot{x}_{i,t} + \ddot{x}_{i,t} \times \Delta t$$

$$\dot{w}_{i,t+\Delta} = \dot{w}_{i,t} + \ddot{w}_{i,t} \times \Delta t$$

颗粒的位置计算公式:

$$x_{i,t+\Delta} = x_{i,t} + \dot{x}_{i,t} \times \Delta t$$

$$w_{i,t+\Delta} = w_{i,t} + \dot{w}_{i,t} \times \Delta t$$

时间步长是离散元数值模拟的重要环节。时间步长大,容易导致运算不稳定,相反,时间步长过小,则会显著增加计算的时间。因此,为了保证计算的稳定性,合适的时间步长选取对运算的进行至关重要。临界时间步长的计算应满足以下公式:

$$\Delta t = K \sqrt{\frac{m}{k_n}}$$

式中,m 是颗粒质量,K 是稳定系数,k_n 为接触刚度。在我们的计算中,时间步长是恒定的。

2.7　边界条件

2.7.1　刚性边界条件

通常情况下,刚性边界条件是最常用的边界条件之一。刚性边界条件通常由不可变形的平面或曲面来表示。其位置坐标既可以预先设定,也可以通过运动方程来进行更新。根据建模的需要,我们可以设置例如颗粒与刚性壁之间的摩擦系数等一系列参数。目前,许多学者采用刚性边界条件模拟真三轴试验,见图 2-6。他们运用六块刚性边界条件通过伺服机制来控制试样六个面的压强,从而对颗粒介质在真三轴试验中的力学行为进行模拟。假三轴试验更常见于室内试验,然而基于圆柱体边界条件的假三轴试验($\sigma_2 = \sigma_3$)较真三轴试验更为困难,因为圆柱体曲面边界比平面边界更难以精确控制。一种近似替代的方法是采用一定数量的平面板围成多边形柱体边界,将曲面伺服转换成近似的平面伺服问题。尽管平板的数量增多,可以使所围多边形柱体更近似于圆柱体,但也相应地增加了计算量。在本章节中,我们将提出一种基于拉梅公式的圆柱体刚性边界条件。它的优势在于可以很好地解决圆柱体边界围压控制的难点。

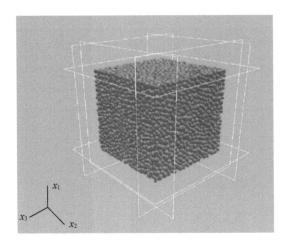

图 2-6　刚性边界条件示例

　　边界条件的选择取决于需要解决的科学问题。由于我们注意到试样在三轴试验前半程中保持圆柱形,因此圆柱形边界条件是模拟三轴试验可行的选择,并且圆柱形边界条件还具有容易编译且计算时间相对较少等优势。Cheung 等[54]比较了圆柱形刚性边界条件与柔性边界在二维与三维情况下的模拟结果。他们发现模拟取得的试样的偏应力曲线在圆柱边界条件与柔性边界条件下的结果相近,由此验证了圆柱形刚性边界条件模拟三轴试验的可行性。

2.7.2　周期性边界条件

　　周期性边界条件通过复制局部区域来代表整个系统,常被用于均质化模型中。如图 2-7,在周期性边界中,当颗粒(ABCDE)在当前时间步长移出边界时,在下一时间步长时,它会重新从边界的另一侧(A′B′C′D′E′)进入边界。周期性边界条件的优点是可以消除边界效应对模型的影响。

　　O'Sullivan 等[55,56]采用轴对称边界条件模拟了均质颗粒材料在三轴试验中的试验情况,见图 2-8。在试样剪切过程中,当颗粒移动出扇形周期性边界条件区域时,下一时刻,该颗粒从区域另一侧重新进入该区域。通过周期性边界条件,我们可以从代表性局部区域颗粒的力学行为来获知整个颗粒系统的状态,提高模拟的效率。当然,周期性边界条件并不适

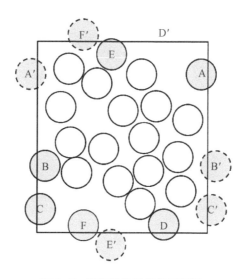

图 2-7 周期性边界条件示意图

用于模拟非均质材料。

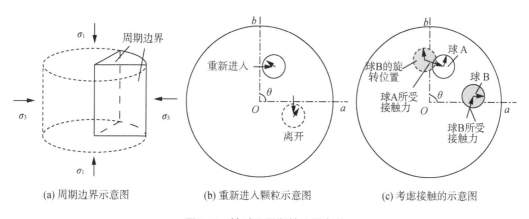

(a) 周期边界示意图　　　　(b) 重新进入颗粒示意图　　　　(c) 考虑接触的示意图

图 2-8 轴对称周期性边界条件

2.7.3 柔性边界条件

　　与刚性边界条件不同,柔性边界条件的优势是可以模拟试样在剪切过程中的局部形变。目前已经发表的关于模拟三轴试验的柔性边界条件主要有以下几种。

　　Fazekas 等[57]通过生成 14 904 个重合边界颗粒来模拟柔性边界条件,见图 2-9。每个边界颗粒间都设置为线性弹簧模型连接,边界颗粒只能在水平方向移动。当模型颗粒与边界颗粒接触时,边界颗粒的运动遵循牛顿定律,但不允许发生滚动与旋转。

　　Hello[58]通过有限元与离散元耦合的方法来模拟三轴试验。其中,有限元法用来模拟柔

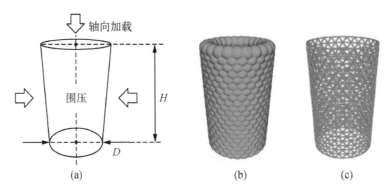

(a)　　　　　　　(b)　　　　　　　(c)

图 2-9　重叠球柔性边界条件

性边界而离散元颗粒则用于模拟模型试样,见图 2-10。该耦合方法最贴近于现实情况,但是两种方法的耦合较为复杂。

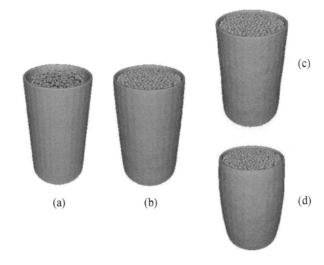

(a)　　　　　(b)　　　　　(c)

(d)

图 2-10　FEM 与 DEM 耦合

2.8　应力张量

在连续介质力学中,应力张量常被用于表征连续介质某点的应力状态,应力张量通常表示为:

$$\bar{\sigma} = \begin{pmatrix} \sigma_{xx} & \tau_{xy} & \tau_{xz} \\ \tau_{yx} & \sigma_{yy} & \tau_{yz} \\ \tau_{zx} & \tau_{zy} & \sigma_{zz} \end{pmatrix}$$

在离散介质中,我们也可以用应力张量来表征颗粒介质的应力状态[59]。下面将介绍三种计算颗粒介质的应力张量的方法。

2.8.1　边界条件张量

通过边界条件计算平均应力张量:

对于体积为 V,表面积为 S 的连续介质,应力张量 σ_{ij} 通常可以由高斯公式计算获得:

$$\int_V \sigma_{ij} \, \mathrm{d}V = \oint_s x_i \, t_j \, \mathrm{d}S$$

即试样体积 V 中的应力总和等于所有作用在边界条件上的接触力 t_j 与作用点坐标 x_i 的乘积。因此,平均应力张量的表达公式为

$$\bar{\sigma}_{ij} = \int_V \sigma_{ij} \, \mathrm{d}V = \frac{1}{V} \oint_s x_i \, t_j \, \mathrm{d}S$$

然而,在离散介质中,接触力是作用在离散的作用点上,并不是曲面的积分。因此平均应力张量的公式可以重新写成:

$$\bar{\sigma}_{ij} = \frac{1}{V} \sum_{c=1}^{n} x_i^c \, t_j^c$$

2.8.2　颗粒张量

计算单个颗粒的应力张量:

除了对颗粒介质整体求解平均应力张量外,我们还可求解作用在单个颗粒上的应力张量。若将单个颗粒看作是连续介质,则 2.8.1 中计算平均应力张量也可以用来计算单个颗粒的应力张量,也就等于作用在颗粒上的接触力与接触点的坐标之乘积。公式写成:

$$\sigma_{ij}^p = \frac{1}{V_p} \oint_s x_i \, t_j \, \mathrm{d}S = \frac{1}{V_p} \sum_{c=1}^{n} x_i^c \, f_j^c$$

式中,V_p 是颗粒的体积,n 是与目标颗粒相接触的颗粒数量,x_i^c 是接触力的坐标,f_j^c 是接触力。

2.8.3　接触力张量

除了可以通过边界条件计算平均应力张量以及计算作用在颗粒上的应力张量以外,我

们还可以通过试样内颗粒接触力来计算应力张量。

当两个颗粒相互接触时，接触点 x_i^c 的坐标为

$$x_i^c = x_i^p + |x_i^c - x_i^p| \times \vec{n}_i^{c,p}$$

式中，x_i^p 是颗粒的形心，$\vec{n}_i^{c,p}$ 是颗粒形心射向接触点的向量。因为接触力 f_j^c 通过颗粒形心，因此该接触力力矩为零，因此

$$x_i^p \times f_j^c = 0$$

所以

$$\sigma_{ij}^p = \frac{1}{V_p} \sum_{c=1}^{N} |x_i^c - x_i^p| \times \vec{n}_i^{c,p} \times f_j^c$$

假设颗粒介质的孔隙率为 n，则

$$V = \frac{\sum\limits_{c=1}^{N} V_p}{1-n}$$

对所有的颗粒应力张量进行求和可得

$$\bar{\sigma}_{ij} = \frac{1-n}{\sum\limits_{c=1}^{n} V_p} \sum_{c=1}^{N} \sigma_{ij}^p V_p$$

$$\bar{\sigma}_{ij} = \frac{1-n}{\sum\limits_{c=1}^{n} V_p} \sum_{c=1}^{N} \sum_{p=1}^{N} |x_i^c - x_i^p| \times n_i^{c,p} \times f_j^c V_p$$

$$\sum_{k=1}^{N} |x_i^c - x_i^p| \times n_i^{c,p} = |x_i^c - x_i^{pa}| \times n_i^{c,pa} \times f_i^{ca} + |x_i^c - x_i^{pb}| \times n_i^{c,pb} \times f_i^{cb} = l_i^c$$

最后公式可写成

$$\bar{\sigma}_{ij} = \frac{1-n}{\sum\limits_{p=1}^{N} V_p} \sum_{c=1}^{N} l_i^c f_j^c$$

式中，V_p 是颗粒体积，N 是与当前颗粒接触的颗粒数，l_i^c 是接触点的坐标，f_j^c 是施加在颗粒上的接触力。

第三章　三轴剪切下玻璃珠试样抗剪强度测试

3.1　背景

颗粒介质是宏观粒子的集合。宏观颗粒介质的物理力学特性取决于许多因素,如颗粒大小、颗粒形状、颗粒排列、颗粒摩擦、材料类型等。然而大多数实验都集中在砂石、骨料、岩石等这些不能代表颗粒介质典型特征的天然材料上。玻璃珠作为理想的球形颗粒模型,可被用于研究颗粒材料的共同特征的理论研究之中。已有文献主要针对密实玻璃珠三轴试样,鲜有文献对松散或中密条件下的无黏性的玻璃珠样品进行讨论。本章将玻璃珠置于干燥与完全饱和的试验环境中下进行超静定三轴试验加载,对各向同性玻璃珠试样在不同条件下的抗剪强度进行测试。试验结果不仅获得了翔实的试验数据,分析了理想颗粒介质材料的抗剪强度变化规律,还为下一章的数值模拟结果对比提供了试验依据,为验证后文中提出的数值与理论模型提供了保证。

在本章节中,试验研究主要包括以下内容:

——加载速度对颗粒间黏滑现象的影响

——围压对颗粒材料抗剪强度的影响

——试样饱和度对颗粒材料抗剪强度的影响

——初始孔隙率对颗粒材料抗剪强度的影响

——玻璃珠表面粗糙度对颗粒材料抗剪强度的影响

——颗粒尺寸对试样抗剪强度的影响

——不同混合比颗粒尺寸试样抗剪强度

3.2　试验材料与方法

3.2.1　试样材料

本章节试验采用的玻璃珠材料选自于法国 LABOMAT/SILI 公司出产的玻璃珠。该玻璃珠的主要成分为 70% 的石英,材料密度为 2 530 kg/m³,弹性模量为 65 GPa。玻璃珠的颗粒尺寸分布区间见表 3-1。

表 3-1　玻璃珠尺寸分布区间

颗粒半径(μm)	<3 700	3 700~3 800	3 800~3 900	3 900~4 000	4 000~4 200
百分比含量(%)	1.05	14.05	54.24	39.33	1.3

有文献表明玻璃珠因频繁使用容易导致球体表面产生形变进而造成试样抗剪强度的降低以及颗粒间黏滑现象的减弱。因此,为了排除玻璃珠使用次数对试验结果产生的影响,所有的试验材料都采用新出厂的玻璃珠材料。

3.2.2　试验装置

本研究所采用的三轴试验环境与装置如图 3-1 所示。

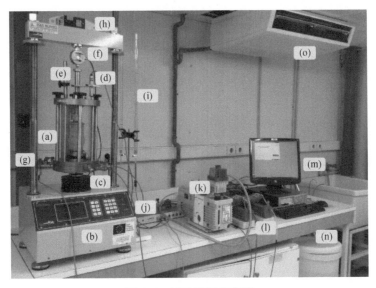

图 3-1　试验装置分布图

a. 压力室；b. 试验机；c. 升降台；d. 轴向位移计；e. LVDT 模拟传感器；f. 轴向测力计；g. 孔压测量系统；h. 水平仪；i. 量管；j. GDS 水压控制系统；k. 真空泵；l. 控制电脑；m. 出水口；n. 无气泡水容器；o. 空调

3.3　试验试样制备

3.3.1　模具准备

玻璃珠三轴试样的制备方法因试验目的的差异而不同。本章节共介绍了制备以下不同类型的玻璃珠三轴试验试样:密实试样、松散试样、饱和试样、干燥试样,以及不同表面粗糙度的试样。制备过程中,试样都制备成高度 125 mm、直径 50 mm 统一尺寸的圆柱体形状。

试样制备操作步骤如下:首先准备三块拼接后可组成圆柱体的金属模具;其次将厚度0.3 mm、弹性模量12 MPa的橡胶膜贴合在组装好的模具内侧,将超出模具高度的橡胶膜向模具外侧折叠;随后将组装好的模具放在三轴压力室的底部,透水石放在模具下底部。

3.3.2　制备密实试样试验操作步骤

制备密实试样首先称量质量为388 g的玻璃珠材料,采用落雨法将玻璃珠逐层倒入模具中,用小锤击实每层倒入的玻璃珠,从而增加试样的密实度。重复操作直至模具中装满玻璃珠,随后将透水石放置在试样上方,将模具帽盖住试样,将之前折叠在模具外侧的橡胶膜回折覆盖在模具帽上,使试样密封,用三枚O型密封圈箍住橡胶模外侧以保证试样的密封性,见图3-2。

（a）密实试样　　　　　　　　（b）松散试样

图 3-2　玻璃球试样

随后向试样内通入20 kPa的吸力使得模具拆除后试样仍可以站立不倒塌。移除模具,同样在试样下侧箍上三层O型密封圈。通过上述步骤制备的玻璃珠试样可容纳大约4 650颗玻璃珠。值得注意的是,吸力的存在会额外减小试样的孔隙率。

3.3.3　制备松散试样试验操作步骤

由于玻璃珠之间没有黏聚力,因此通过上述试验方法很难制备玻璃珠的松散试样。所以,制备玻璃珠松散试样的操作步骤较密实试样的操作步骤略有调整。

首先,将一根直径1 cm的中空PVC管插入模具中,使其在模具填充玻璃珠时保持固定。随后,将一枚与模具相同直径的金属圆环放置在模具上方,见图3-3,以增加模具可填充玻璃珠的体积。采用落雨法填充玻璃珠的过程中,不使用小锤击实试样。待填充结束后,将 PVC 管缓慢地抽出模具。与此同时,玻璃珠缓缓移动并填充此前由 PVC 管占据的空间。与制备密实试样的操作步骤相比,该操作工序可以减少 50 g 的玻璃珠用以制备高 125 mm、直径 50 mm 尺寸的圆柱体试样。制备后的松散试样的空隙率明显大于密实试样。

图 3-3　松散试样的制备

3.3.4　制备不同表面粗糙度玻璃珠试样试验操作步骤

制备不同表面粗糙度的玻璃珠试样,首先采用喷雾器将特氟龙涂料喷涂在玻璃珠表面。Teflon 喷雾可以减少玻璃珠之间的摩擦系数使颗粒表面光滑。从图 3-4 中可以看出处理前与处理后的玻璃珠的状态明显不同。未经 Teflon 处理的玻璃珠质地晶莹,反光明显,经过 Teflon 处理后的玻璃珠反光度较差。随后将处理后的玻璃珠填充到模具内,具体操作步骤与制备密实试样的操作手法相同。

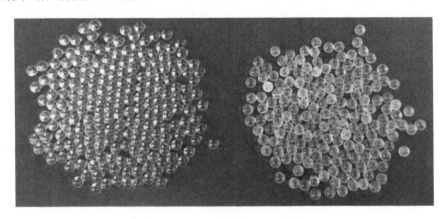

图 3-4　Teflon 处理前后的玻璃珠表面状态

3.3.5　试样装配

将上述制备好的试样放置在三轴试验仪器的底座上,安装有机玻璃罩并固定其位置以避免试验过程中产生偏心现象,同时保证试样的密封性。调整活塞高度使其与试样有轻微接触。在玻璃罩内注入无气泡水以饱和试样。待压力室内充满无气泡水后,调节试样的围压为 20 kPa,同时撤除施加在试样上的 20 kPa 吸力,以保证试样不发生形变。

橡胶膜在吸力状态下引起的试样体积变形可通过以下公式进行计算:

$$V_{\mathrm{m}} = \frac{d_{\mathrm{g}}}{2\,d_{\mathrm{spec}}} V_0^3 \sqrt{\frac{\sigma_3' d_{\mathrm{g}}}{E_{\mathrm{m}} t_{\mathrm{m}}}}$$

式中,V_{m} 是橡胶膜收缩的体积,d_{g} 是颗粒的直径,d_{spec} 是试样的直径,V_0 是试样的初始体积,σ_3' 是试样的围压,E_{m} 和 t_{m} 分别是橡胶膜的刚度和厚度。通过该计算公式,可以测得膜收缩体积的变化量为 2.76 cm³,约占试样体积的 1.12%,在允许实验误差以内。制备好的密实试样的孔隙率大约保持在 0.582(密实度 0.632),松散试样的孔隙率大约在 0.805(密实度 0.554)。

3.3.6　试样饱和

在 20 kPa 的围压环境下,通过缓慢注入无气泡水排出试样中的空气,无气泡水的注入量大约为试样体积的 3 倍。同时,将一根 100 cm³ 的滴定管连接试样的底部,用来测试试样内部注入无气泡水而排放出的气体体积,以测算试样的实际孔隙率。通过比较实测孔隙率与理论计算孔隙率,发现两者误差大约在 5% 左右。随后,对表征试样饱和度的 Skempton B 参数进行测试。Skempton B 是围压增量 σ_3 与孔压 u_{c} 的比值。在所有进行的试样饱和过程中,Skempton B 参数均超过 0.95。

3.3.7　试样固结

在对饱和试样进行固结过程中,设定不同的固结围压 50 kPa、100 kPa、200 kPa、300 kPa,电脑通过 GDS 调控试样内的进出水量,对试样进行饱和固结。

3.3.8　试样剪切

对固结后的试样进行剪切加载。加载过程中,保持试样的围压不变,试样下方的升降台按照设定好的速率匀速向上移动。随着试样轴压的上升，试样的偏应力相应增加，最后试样剪切破坏。

3.4 试验方案

玻璃珠试样的三轴试验方案共分为四组，分别对以下五种试验参数进行测试。

- 试样的加载速度
- 试样的初始孔隙率
- 试样的饱和度
- 试样玻璃珠表面粗糙度
- 试样颗粒尺寸

试样名称的命名规则如下：

指标 v（或 mv）代表试样的加载速度，加载速度单位为 mm/min。在第一组变速加载试样中，指标为 mv。在其他实验中，指标 v01 表示加载速度为 0.1 mm/min。0.1 mm/min 的默认加载速度可以保证试样在加载过程中处于超静定状态。

第二个指标 D、L、T 分别表示试样的密实度、松散度及粗糙度。

第三个指标"sat"与"sec"分别代表试样饱和与干燥。

第四个指标"s"、"u"分别代表围压与孔压（kPa）。

第五个指标"r"代表试样的重复次数。

举例，试验名称为 v01Dsat_s400u200r2 代表饱和试样的加载速度为 0.1 mm/min，围压为 400 kPa，孔压 200 kPa，以及试验重复两次。

3.4.1 加载速度的影响

表 3-2 明确了第一组实验的具体实施方案：试样在轴向应变 0%～5% 的变化区间内，加载速度为 0.1 mm/min；试样在轴向应变 5%～10% 的区间内，加载速度为 1 mm/min；试样在轴向应变 10%～15% 的区间内，加载速度重新回归 0.1 mm/min。试样加载的有效围压分别为 50 kPa、100 kPa、200 kPa。

表 3-2　变速加载实验方案

试样	加载速度(mm/min)	围压(kPa)	孔压(kPa)	有效围压(kPa)
mvDsat_s250u200	0.1-1.0-0.1	250	200	50
mvDsat_s300u200	0.1-1.0-0.1	300	200	100
mvDsat_s400u200	0.1-1.0-0.1	400	200	200

3.4.2　试样饱和度以及初始孔隙率的影响

表 3-3 说明了试样饱和度(完全饱和与干燥状态)对密实试样与松散试样进行抗剪强度测试的试验方案。试验的有效围压分别控制在 50 kPa、100 kPa、200 kPa,每组参数分别重复测试三次以保证结果的准确性。

表 3-3　密实试样与松散试样加载方案

试样	加载速度(mm/min)	质量(g)	围压(kPa)	孔压(kPa)	有效围压(kPa)
v01Dsat_s250u200r1,2,3	0.1	388	250	200	50
v01Dsat_s300u200r1,2,3	0.1	388	300	200	100
v01Dsat_s400u200r1,2,3	0.1	388	400	200	200
v01Dsat_s500u200r1,2,3	0.1	388	500	200	300
v01Dsec_s250u200r1,2,3	0.1	388	50	0	50
v01Dsec_s300u200r1,2,3	0.1	388	100	0	100
v01Dsec_s400u200r1,2,3	0.1	388	200	0	200
v01Dsec_s500u200r1,2,3	0.1	388	300	0	300
v01Lsat_s250u200r1,2,3	0.1	340	250	200	50
v01Lsat_s300u200r1,2,3	0.1	340	300	200	100
v01Lsat_s400u200r1,2,3	0.1	340	400	200	200
v01Lsec_s250u200r1,2,3	0.1	340	50	0	50
v01Lsec_s300u200r1,2,3	0.1	340	100	0	100
v01Lsec_s400u200r1,2,3	0.1	340	200	0	200

3.4.3　玻璃珠表面粗糙度的影响

在这组试验中,玻璃珠表面用化学材料处理,采用密实试样制备法,有效围压控制在 50 kPa、100 kPa、200 kPa,见表 3-4。

表 3-4　表面粗糙度试样加载方案

试样	加载速度(mm/min)	围压(kPa)	孔压(kPa)	有效围压(kPa)
v01Tsat_s250u200	0.1	250	200	50
v01Tsat_s300u200	0.1	300	200	100
v01Tsat_s400u200	0.1	400	200	200

3.4.4 颗粒尺寸影响

针对不同尺寸颗粒的抗剪强度研究,本书共设计了两组不同的试验方案进行研究。

第一组试验共制备三种不同的试样,试样采用均匀尺寸的玻璃珠,但不同种试样内的玻璃珠尺寸不同,见表3-5。

表3-5　同种均匀尺寸颗粒试样

试样	加载速度(mm/min)	围压(kPa)	孔压(kPa)	有效围压(kPa)
4 mm	0.1	250 300 400	200	50,100,200
6 mm	0.1	250 300 400	200	50,100,200
1 cm	0.1	250 300 400	200	50,100,200

第二组试验制备不同混合比的两种尺寸玻璃球混合试样,相关参数见表3-6。

表3-6　不同混合比的两种尺寸玻璃球制备的试样相关参数

比例	质量(g)			试样(mm)		孔隙率	密实度
	10 mm	4 mm	质量和	高度	直径		
1:5	65.2	325.0	390.2	125.1	50.1	0.592	0.628
1:2	130.1	260.0	390.1	125.0	49.9	0.591	0.628
1:1	193.9	195.0	388.9	125.1	50.1	0.591	0.629
2:1	260.1	130.0	390.1	125.0	50.0	0.590	0.629

3.5 试验结果与分析

3.5.1 试样形变

图3-5展示了玻璃珠试样在200 kPa的围压下从剪切开始到15%轴向应变过程的形变曲线图。值得注意的是,从试验取得的偏应力曲线图中可以明显地观测到黏滑现象(曲线上下剧烈波动)。黏滑现象是由颗粒间应力强度骤然增加与减弱而造成的。

在偏应力曲线上标记了不同的位置点来查看试样在当前状态下的相应形变情况。图3-5中展示了试样在不同位置点的形状。

从图3-6中我们可以观测试样在剪切过程中的形变情况。可以认为试样从开始剪切至

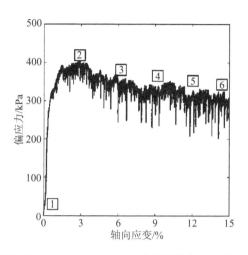

图 3-5　三轴条件下 200 kPa 玻璃珠密实试样抗剪强度的偏应力曲线图

5％的轴向应变过程中保持圆柱形。这一试验发现非常重要,它为下一章数值模拟的圆柱体边界条件的开发应用提供了试验依据。

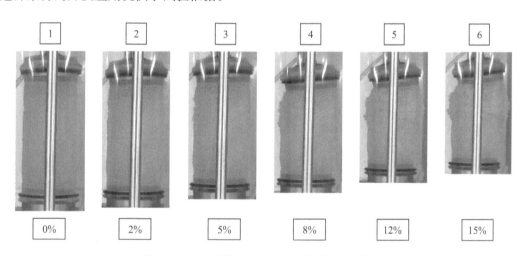

图 3-6　密实试样在 200 kPa 下的剪切形变情况

3.5.2　剪切速度的影响

在本小节中,试验采用如下的速度加载方案:在最初的 5％ 轴向应变中,加载速度为 0.1 mm/min;在随后的 5％ 的轴向应变中,加载速度增加至 1 mm/min;在最后的 5％ 轴向应变中,加载速度重新设定为 0.1 mm/min。通过该方案的实施,我们可以研究加载速度对试验结果的影响而不用增加试验量。试验分别设定在围压 50 kPa、100 kPa、200 kPa 下进行。图 3-7 显示了加载速度对试验的影响,我们可以很清楚地看到不同的加载速度明显影响了颗粒间黏滑现象的波动振幅。当加载速度在 0.1 mm/min 时,黏滑现象的波动幅度较大,随着加载速度增加到 1.0 mm/min 时,波动幅度逐渐减小。另外,围压大小也显著影响了颗粒间的黏滑现象,低围压时,黏滑振幅变大;高围压时,黏滑振幅变小。

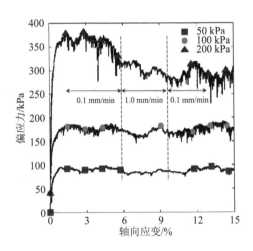

图 3-7　加载速度对密实试样抗剪强度的影响

3.5.3　饱和密实试样

图 3-8 展示了不同围压(50 kPa、100 kPa、200 kPa、300 kPa)下密实试样的抗剪强度与体积大小的变化规律。在单一围压条件下,从加载开始,试样的偏应力曲线迅速增长至峰值强度后逐渐减弱,最后稳定在残余应力强度。随着围压的上升,试样的抗剪强度增加。在剪切形变过程中,密实试样首先经历了一小段收缩过程随后逐渐膨胀。围压越大,试样膨胀所受的限制越明显。图 3-9 重复测试了密实试样的偏应力曲线与形变曲线的实验结果,其中每个试样都重复测试了三次。从曲线上看,试验结果的重合度较高。在相同围压下,试样的偏应力曲线在轴向应变 6% 前基本重合,在轴向应变 6% 以后,曲线逐渐分叉。试验结果表明,重复性试样有助于确保试验数据可靠。

表 3-7 展示了试样从制备到剪切结束整个过程各阶段的孔隙率。其中,e_1、e_2、e_3、e_4 分别代表了试样从完成制备、饱和结束、固结结束以及剪切结束后各阶段的孔隙率。由于每次试样制的玻璃珠质量以及试样的体积基本相同,因此可以认为完成制备后试样的孔隙率 e_1 基本一致。饱和结束后试样基本稳定在孔隙率 e_2。随后试样在不同围压条件下固结,随着围压的上升,孔隙率 e_3 明显下降。由于试样在剪切过程中先经历了剪缩阶段随后进入剪胀阶段,因此剪切结束后试样的孔隙率 e_4 明显大于试样固结后的孔隙率 e_3。另外,由于橡胶膜无法承受试样在 300 kPa 围压强度变化而在试验过程中破裂,因此表格中没有

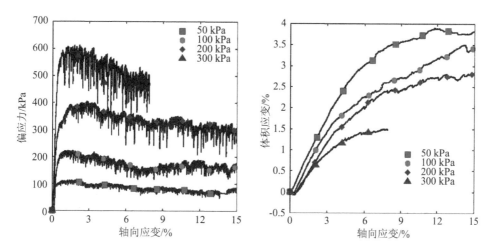

图 3-8 不同围压(50 kPa、100 kPa、200 kPa、300 kPa)对密实试样抗剪强度与体积应变的影响

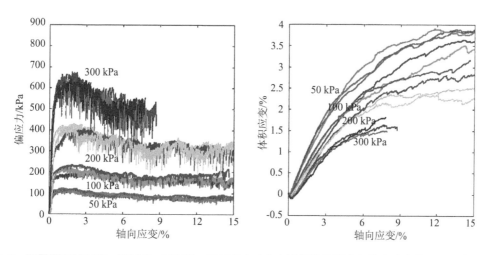

图 3-9 不同围压(50 kPa、100 kPa、200 kPa、300 kPa)对密实试样抗剪强度与体积应变的影响重复性研究

300 kPa 围压下 e_4 在轴向应变 15% 的数值。但通过其他压强下的 e_4 变化我们也可以得出 e_4 随着围压上升而下降的结论。

表 3-7 密实试样不同阶段的孔隙率

试样	e_1	e_2	e_3	e_4
v01Dsat_s250u200r1	0.581	0.554	0.539	0.637
v01Dsat_s250u200r2	0.581	0.562	0.545	0.645
v01Dsat_s250u200r3	0.581	0.565	0.551	0.642
v01Dsat_s300u200r1	0.581	0.555	0.532	0.628
v01Dsat_s300u200r2	0.581	0.558	0.537	0.624

试样	e_1	e_2	e_3	e_4
v01Dsat_s300u200r3	0.581	0.559	0.539	0.631
v01Dsat_s400u200r1	0.581	0.553	0.526	0.607
v01Dsat_s400u200r2	0.581	0.551	0.529	0.610
v01Dsat_s400u200r3	0.581	0.549	0.532	0.612
v01Dsat_s500u200r1	0.581	0.551	0.523	—
v01Dsat_s500u200r2	0.581	0.543	0.521	—
v01Dsat_s500u200r3	0.581	0.547	0.525	—

表 3-8 总结了试样在不同围压下峰值与残余应力阶段的各项数值。

表 3-8　密实试样不同应力状态下峰值与残余应力阶段的各项参数

试样	p_{conf} (kPa)	q_{pic} (kPa)	p'_{pic} (kPa)	M_{pic}	φ_{pic} (°)	q_{res} (kPa)	p'_{res} (kPa)	M_{res}	φ_{res} (°)
v01Dsat_s250u200r1	50	108	86	1.26	27.5	92	81	1.14	25.6
v01Dsat_s250u200r2	50	105	85	1.24	27.2	90	80	1.13	25.4
v01Dsat_s250u200r3	50	110	87	1.26	27.5	91	80	1.14	25.6
v01Dsat_s300u200r1	100	210	171	1.24	27.2	172	157	1.10	24.9
v01Dsat_s300u200r2	100	195	165	1.18	26.2	170	157	1.08	24.6
v01Dsat_s300u200r3	100	213	171	1.25	27.3	175	158	1.11	25.1
v01Dsat_s400u200r1	200	413	338	1.22	26.9	338	313	1.08	24.6
v01Dsat_s400u200r2	200	415	338	1.23	27.0	340	314	1.09	24.8
v01Dsat_s400u200r3	200	412	337	1.22	26.9	335	312	1.07	24.4
v01Dsat_s500u200r1	300	665	522	1.27	27.7	510	470	1.08	24.8
v01Dsat_s500u200r2	300	668	523	1.28	27.8	512	471	1.09	24.7
v01Dsat_s500u200r3	300	670	523	1.28	27.8	510	472	1.09	24.8

由于颗粒间没有黏聚力,试样的内摩擦角 α 可以通过以下公式进行计算:

$$\alpha = \arcsin \left(\frac{3M}{M+6} \right)$$

$$M = \frac{q}{p}$$

图 3-10 展示了不同特征角的计算方法。膨胀角 φ 是拐点的水平切线角,并由下列公式计算可得:

$$\varphi = \arcsin\left(\frac{\mathrm{d}\,\varepsilon_v/\mathrm{d}\,\varepsilon_h}{2+\mathrm{d}\,\varepsilon_v/\mathrm{d}\,\varepsilon_h}\right)$$

剪胀角 ϕ_c 由形变曲线最低点与原点连线可得。

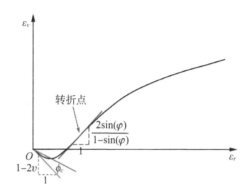

图 3-10　不同特征角的计算方法

表 3-9 归纳了由偏应力曲线图取得的膨胀角与剪胀角。其中膨胀角在 9.5°与 13.7°之间波动,初始剪胀角在 7.2°与 15.4°之间波动。

表 3-9　密实试样在不同围压条件下的膨胀角与剪胀角

试样	p_{conf}(kPa)	ϕ_c (°)	φ (°)
v01Dsat_s250u200r1	50	7.16	11.06
v01Dsat_s250u200r2	50	13.11	12.11
v01Dsat_s250u200r3	50	15.43	9.54
v01Dsat_s300u200r1	100	7.95	9.73
v01Dsat_s300u200r2	100	12.33	10.47
v01Dsat_s300u200r3	100	11.19	12.24
v01Dsat_s400u200r1	200	13.12	10.61
v01Dsat_s400u200r2	200	14.42	13.54
v01Dsat_s400u200r3	200	15.13	13.67
v01Dsat_s500u200r1	300	13.45	10.54
v01Dsat_s500u200r2	300	12.68	11.57
v01Dsat_s500u200r3	300	14.23	10.76

3.5.4　饱和松散试样

表 3-10 汇总了饱和松散试样的孔隙率。

表 3-10　饱和松散试样在不同阶段的孔隙率

试样	e_1	e_2	e_3	e_4
v01Lsat_s250u200r1	0.805	0.636	0.604	0.653
v01Lsat_s250u200r2	0.805	0.633	0.601	0.651
v01Lsat_s250u200r3	0.805	0.631	0.597	0.651
v01Lsat_s300u200r1	0.805	0.633	0.601	0.652
v01Lsat_s300u200r2	0.805	0.626	0.597	0.648
v01Lsat_s300u200r3	0.805	0.631	0.592	0.647
v01Lsat_s400u200r1	0.805	0.626	0.584	0.652
v01Lsat_s400u200r2	0.805	0.623	0.586	0.647
v01Lsat_s400u200r3	0.805	0.624	0.581	0.645

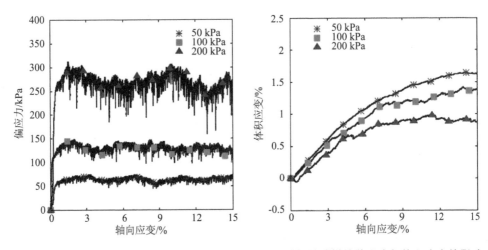

图 3-11　不同围压(50 kPa、100 kPa、200 kPa、300 kPa)对松散试样抗剪强度与体积应变的影响

图 3-11 展示了饱和松散试样在三种不同围压下的偏应力曲线图与形变曲线图。相较于密实试样,我们没有观测到明显的偏应力峰值。偏应力曲线图中的黏滑现象也很明显,随着围压的升高,黏滑幅度也随之上升。另外,我们注意到松散试样在弱围压条件下膨胀明显,随着围压的升高,膨胀幅度明显降低。我们在密实试样的剪切过程中也观测到了相同的规律。与密实试样一致,我们对松散试样的抗剪强度与体积应变曲线等试验结果进行了重复测试,试验结果见图 3-12。

表 3-11 与表 3-12 归纳了试验中取得的各种特征角。

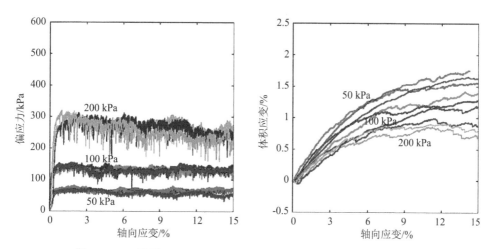

图 3-12 不同围压(50 kPa、100 kPa、200 kPa)对松散试样抗剪强度与
体积应变的影响重复性研究

表 3-11 松散试样在峰值与残余应力阶段的各项参数

试样	p_{conf} (kPa)	q_{pic} (kPa)	p'_{pic} (kPa)	M_{pic}	φ_{pic} (°)	q_{res} (kPa)	p'_{res} (kPa)	M_{res}	φ_{res} (°)
v01Lsat_s250u200r1	50	72	74	0.97	22.7	70	73	0.96	22.5
v01Lsat_s250u200r2	50	73	74	0.99	23.0	72	74	0.97	22.7
v01Lsat_s250u200r3	50	75	75	1.00	23.2	74	75	0.99	23.0
v01Lsat_s300u200r1	100	150	150	0.99	23.2	148	149	0.99	23.0
v01Lsat_s300u200r2	100	148	149	1.02	23.0	145	148	0.98	22.8
v01Lsat_s300u200r3	100	152	151	1.00	23.4	150	150	1.00	23.2
v01Lsat_s400u200r1	200	298	299	1.00	23.2	295	298	0.99	23.0
v01Lsat_s400u200r2	200	297	299	0.99	23.0	295	298	0.99	23.0
v01Lsat_s400u200r3	200	300	300	1.00	23.2	298	299	1.00	23.2

表 3-12 松散试样在不同围压条件下的膨胀角与剪胀角

试样	p_{conf} (kPa)	ϕ_c (°)	φ (°)
v01Lsat_s250u200r1	50	5.61	6.87
v01Lsat_s250u200r2	50	13.19	11.75
v01Lsat_s250u200r3	50	8.75	9.23
v01Lsat_s300u200r1	100	8.29	9.75

试样	p_{conf} (kPa)	ϕ_c (°)	φ (°)
v01Lsat_s300u200r2	100	10.33	8.26
v01Lsat_s300u200r3	100	9.17	9.36
v01Lsat_s400u200r1	200	10.13	10.29
v01Lsat_s400u200r2	200	9.27	9.35
v01Lsat_s400u200r3	200	8.13	9.88

3.5.5 密实试样与松散试样试验结果比较

本小节比较了密实试样与松散试样在 100 kPa 围压下的抗剪强度与形变情况。图 3-13 比较了两种试样的偏应力强度与体积应变曲线图。可以看到在相同围压条件下,密实试样的偏应力峰值明显高于松散试样。密实试样的偏应力达到峰值后逐渐减弱至残余应力强度,而松散试样在剪切过程中没有明显的峰值阶段,应力强度直接达到残余应力强度。通过比较密实试样与松散试样的体积应变曲线图,两种试样均首先经历了短暂的收缩阶段,随后开始膨胀,但密实试样的膨胀程度远远大于松散试样。

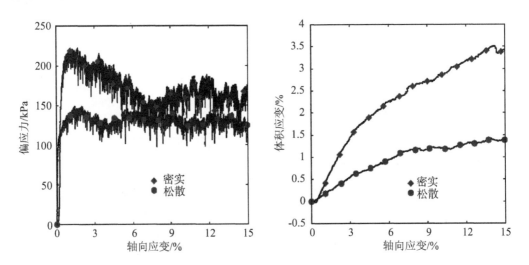

图 3-13 密实试样与松散试样在 100 kPa 围压下抗剪强度与体积应变的比较

3.5.6 颗粒表面粗糙度

颗粒表面粗糙度对试样的宏观力学行为有较大的影响。在这一小节中,我们采用化学试剂 Teflon 对玻璃珠表面进行处理。经过 Teflon 处理后的玻璃珠表面明显比未经过处理的玻璃珠要光滑。随后,处理后的玻璃珠被用于制备三轴剪切试样,试样的制备方法与密实试样的制备方法一致。试样在三种围压 50 kPa、100 kPa、200 kPa 饱和固结后进行剪切试验。

图 3-14 比较了不同围压下不同粗糙度的玻璃珠试样的偏应力强度与体积应变曲线图。我们可以看到,相同围压下,光滑玻璃珠制成的试样的抗剪强度远远低于粗糙玻璃珠制成的试样。考虑到两种试样的初始质量、体积、孔隙率相同,因此偏应力的区别主要来自颗粒表面的光滑程度。对于粗糙玻璃珠制成的试样,偏应力值首先攀升至峰值随后逐渐减弱到残余应力强度,而光滑玻璃珠试样的偏应力强度类似于松散试样的偏应力曲线,即无法从其偏应力曲线图中观测到峰值强度,尽管光滑试样的初始孔隙率与密实试样一致。另外,由于玻璃珠表面光滑度降低,颗粒间的黏滑现象几乎消失。

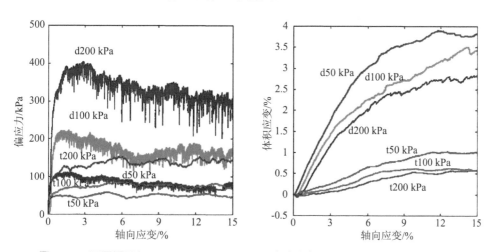

图 3-14　不同围压(50 kPa、100 kPa、200 kPa)玻璃珠表面粗糙度对试样抗剪强度与体积应变的影响对比(t 表示表面光滑,d 表示表面粗糙)

玻璃珠表面光滑度对试样的体积形变也有明显的影响。粗糙玻璃珠制成的试样膨胀度明显大于光滑玻璃珠试样。

表 3-13 与表 3-14 总结了受处理后的玻璃珠制成的试样的特征值。试样在峰值阶段与残余应力阶段的内摩擦角相差不大。

表 3-13　光滑玻璃珠试样在峰值与残余应力阶段的各项参数

试样	p_{conf} (kPa)	q_{pic} (kPa)	p'_{pic} (kPa)	M_{pic}	φ_{pic} (°)	q_{res} (kPa)	p'_{res} (kPa)	M_{res}	φ_{res} (°)
v01Tsat_s250u200r1	50	62	71	0.86	20.6	52	67	0.78	18.4
v01Tsat_s300u200r2	100	83	127	0.63	15.9	76	125	0.61	15.3
v01Tsat_s400u200r3	200	149	252	0.61	15.3	142	247	0.57	14.6

表 3-14　光滑玻璃珠试样的膨胀角与剪胀角

试样	p_{conf}（kPa）	ϕ_c（°）	φ（°）
v01Tsat_s250u200r1	50	11.76	8.23
v01Tsat_s300u200r2	100	9.72	7.56
v01Tsat_s400u200r3	200	10.15	7.11

3.5.7　颗粒尺寸的影响

为了研究颗粒尺寸对试样抗剪强度的影响，我们选用不同尺寸的玻璃珠（ϕ2 mm、ϕ4 mm、ϕ6 mm）制备试样，见图 3-15。试样的制备方法同密实试样制备方法相同。试样同样被制成直径 50 mm 与 125 mm 的尺寸。围压控制在 100 kPa，试样的剪切速度为 0.1 mm/s。

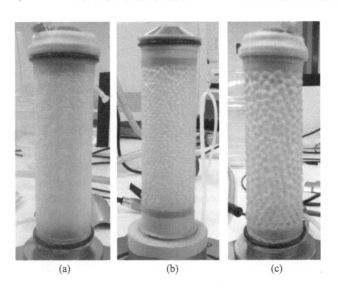

(a)　　　　　　(b)　　　　　　(c)

图 3-15　不同尺寸(ϕ2 mm、ϕ4 mm、ϕ6 mm)玻璃珠制备试样

表 3-15 中列出了试样的质量、初始孔隙率等参数。

表 3-15　不同尺寸玻璃珠试样各项参数

颗粒直径(mm)	质量(g)	初始孔隙率	橡胶膜渗透误差
2	392	0.585	1.1%
4	388	0.581	2.8%
6	378	0.572	4.7%

图 3-16 中展示了三种不同试样在剪切到 15% 时的形变情况。我们可以看到试样上半

部分明显发生形变。这主要是由于试样剪切是由下压板向上施压造成的。另外，由 $\phi2$ mm 玻璃珠生成的试样的变形要明显大于其他尺寸的试样。试样上半部分和下半部分形变的边界线是试样的剪切带。

(a)　　　　　　(b)　　　　　　(c)

图 3-16　不同尺寸($\phi2$ mm、$\phi4$ mm、$\phi6$ mm)玻璃珠试样剪切至 15%轴向应变时的形变

图 3-17 比较了不同尺寸颗粒生成试样的偏应力强度与体积应变曲线。我们看到随着玻璃珠尺寸的增加，偏应力峰值也相应提高。当然，三种试样的残余应力在残余应力阶段数值相近。同时，我们可以看到随着玻璃珠尺寸的增加，试样的形变相应增加。

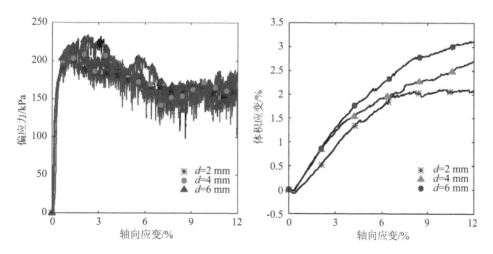

图 3-17　不同尺寸($\phi2$ mm、$\phi4$ mm、$\phi6$ mm)玻璃珠试样抗剪强度与体积应变曲线图

3.5.8　两种颗粒尺寸混合物的试验研究

本小节，我们首先试验测试了 100 kPa 围压下两种尺寸颗粒不同混合比混合试样在剪切状态下的宏观力学行为。两种尺寸的玻璃珠分别为 ϕ4 mm 与 ϕ10 mm。在试样制备的过程中，两种玻璃珠被同时混合倒入模具中，试样被制备成不同的混合比，颗粒的排列随机分布，见图 3-18。不同混合比的试样经过制备后初始孔隙率没有太大差别。图 3-19 展示了试样剪切到轴变 15% 的形状。

(a)　　　　　(b)　　　　　(c)　　　　　(d)

图 3-18　不同混合比玻璃珠试样初始状态

(a)　　　　　(b)　　　　　(c)　　　　　(d)

图 3-19　不同混合比玻璃珠试样剪切状态

图 3-20 展示了不同混合比试样的偏应力曲线图。不同混合比试样的偏应力峰值没有太大变化。混合比试样的偏应力值弱于密实各向同性试样，但强于松散各向同性试样。因为不同混合比试样的初始孔隙率介于密实试样与松散试样之间，而初始孔隙率对试样的抗剪强度有明显的影响。从形变曲线图中我们可以看到随着大尺寸颗粒比例的升高，试样的形变在剪切过程中减小[60]。

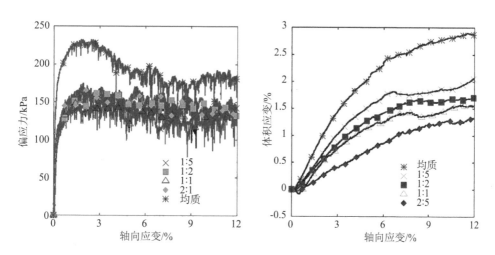

图 3-20　不同混合比试验试样 100 kPa 抗剪强度与体积应变曲线图

3.6　本章小结

　　本章中,我们通过采用三轴室内试验对不同状态下的玻璃球试样的抗剪强度进行了测试。研究表明,初始孔隙率与玻璃球表面粗糙度以及不同尺寸的颗粒混合比对颗粒介质试样的抗剪强度有着显著的影响。同时,本章获得的试验数据也为下一章的数值模拟提供了试验依据。在下一章中,我们将采用离散元法对颗粒介质的三轴试验度进行数值模拟,从宏观与微观角度对颗粒试样的力学行为进行研究。

第四章 玻璃珠抗剪强度离散元数值模拟

在上一章,我们详细介绍了室内三轴试验测试玻璃珠试样抗剪强度的相关内容。在这一章中,我们将采用离散元数值模拟的方法对这一试验进行数值模拟。通过数值模拟,我们不光可以从宏观角度计算颗粒介质的抗剪强度,还能从微观角度研究颗粒间的接触状态。研究内容包括:

——提出并完善一套完整的基于离散元法模拟三轴试验的模拟步骤与程序

——将离散元数值模拟结果与试验结果进行对比,验证模型的可靠性

——通过模型进一步研究微观颗粒接触与宏观材料的力学行为

为了实现本章目标,我们将首先简要介绍离散元法的基本原理;随后,我们将向大家介绍一种新提出的基于拉梅公式的用于模拟三轴试验的圆柱形伺服边界条件。在数值结果分析部分,我们将对颗粒介质的三轴试样进行参数分析,通过对比数值模拟结果与试验室结果,验证数值模型的正确性与可靠性。

4.1 三轴试验离散元模拟

三轴试验的模拟包括以下三部分:

——准备试样

——固结试样

——剪切试样

为了使我们的模拟结果能与上一章的试验结果进行对比,模拟中所采用的参数,包括试样尺寸、颗粒数量,以及颗粒的各项物理参数都最大限度地按照真实试验情况进行准备。

4.1.1 圆柱形边界条件

在我们的模拟中,我们采用圆柱形边界条件模拟三轴试验。圆柱形边界条件由三部分组成:上下底板及圆柱形边界。

在圆柱形边界的模拟中,我们把颗粒与圆柱体的接触处理成颗粒与一个虚拟的无限大半径的边界颗粒相接触的情况,见图4-1。

施加在边界条件上的应力由颗粒与圆柱形边界的接触力总和除以圆柱体的表面积计算取得:

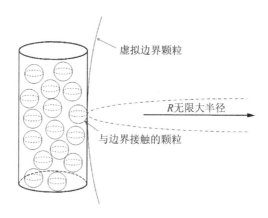

图 4-1　颗粒与边界条件的示意图

$$\sigma = \frac{1}{2\pi rh} \sum_{k=1}^{N} \vec{F_k} \, \vec{n_{cl}}$$

式中,F_k 是颗粒 k 与边界条件的接触力,$\vec{n_{cl}}$ 是法向向量,n 是与边界接触的颗粒数。

同样的,上下底板所受到的压强等于上下底板所受的合力除以上下底板面积,计算公式如下:

$$\sigma = \frac{1}{\pi r^2} \sum_{k=1}^{N} \vec{F_k} \, \vec{n_{cl}}$$

4.1.2　恢复系数校准

恢复系数是研究颗粒碰撞的变量。假设某一颗粒从初始高处 h_n 静止下落,到达地面时速度为 V^+,随后从地面反弹的速度为 V^-,颗粒回弹到高度 h_{n-1},见图 4-2。在碰撞过程中,

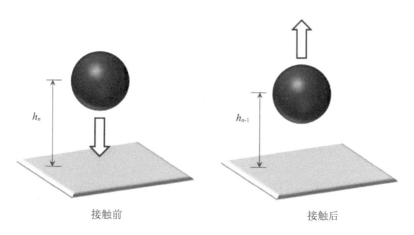

图 4-2　颗粒运动回弹前后示意图

59

颗粒损失一部分能量。恢复系数与碰撞过程中能量的损失密切相关。恢复系数的取值介于 0 到 1 之间，1 表示碰撞过程中没有能量损耗，0 表示碰撞过程中能量全部消耗。恢复系数与材料、接触原理以及撞击速度有关。

$$e = \sqrt{\frac{h_{n-1}}{h_n}}$$

图 4-3 是阻尼系数与回弹高度的关系曲线图。如果我们设定颗粒保持相同的杨氏模量而仅改变阻尼系数，我们可以看到随着恢复系数的增大，黏性阻尼系数随之减小。通常情况下，恢复系数在数值模拟中的默认取值为 0.8。

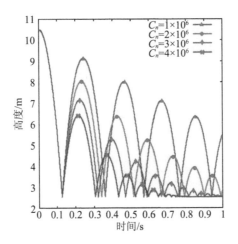

图 4-3　阻尼系数与回弹高度的关系曲线

4.1.3　模拟参数

表 4-1 归纳了部分学者采用离散元法模拟三轴试验设定的部分参数。

表 4-1　文献中相关模拟参数的取值

2D/3D	边界条件	颗粒间摩擦系数 μ_{gg}	颗粒与边界摩擦系数 μ_{gw}	接触理论	文献
2D	矩形	0.05	—	弹簧阻尼	[53]
2D	矩形	0.5	0	Hertz-Mindlin	[60]
2D	柔性边界	0.49	0.36	弹簧阻尼	[1]
2D	柔性边界	0.5	0	弹簧阻尼	[53]
3D	刚性边界	0.25	0	弹簧阻尼	[61]
3D	刚性边界	0.096	0.175	Hertz-Mindlin	[62]

2D/3D	边界条件	颗粒间摩擦系数 μ_{gg}	颗粒与边界摩擦系数 μ_{gw}	接触理论	文献
3D	柔性多边形边界	0.42	0	弹簧阻尼	[4]
3D	周期性边界	0.096	0.228	弹簧阻尼	[55]
3D	周期性边界	0.268	0.3	Hertz-Mindlin	[54]
3D	刚性边界	0.25	0.2	弹簧阻尼	[63]
3D	圆柱体刚性边界	0.42	0	弹簧阻尼	[64]
3D	刚性边界	0.5	—	Hertz-Mindlin	[65]

在数值模拟工作中,摩擦系数在不同的模拟阶段会发生相应的变化,因此参数取值被限定在一个范围之内。部分学者推荐的摩擦系数取值范围见表 4-2。

表 4-2　模拟参数的取值及取值范围

参数	取值	取值范围
颗粒间摩擦系数 μ_{gg}	0.15	0.1~0.5
颗粒与边界摩擦系数 μ_{gw}	0.05	0.0~0.2
颗粒与上下底板摩擦系数 μ_{gp}	0.25	0.0~0.7
颗粒间滚动摩擦系数 μ_{rgg}	0.01	0.0~1.0

4.1.4　初始试样准备:生成试样

制备试样是模拟三轴试验的第一步。试样的制备包括以下几个步骤:

首先,通过 RSA 算法在圆柱体边界内部生成大量的离散颗粒。该算法原理是将颗粒逐颗随机生成在边界条件内。如果当前生成颗粒与之前生成颗粒位置有全部或部分重叠,则删除当前生成颗粒,使其在其他位置重新随机生成,直至其不与已生成颗粒有重叠。当程序运行至试样无法再加入其他颗粒时,理论密实度在三维状态最高可达到 0.38。在当前数值模拟中,我们在模型中生成了 4 600 个颗粒,与实验室试样包含的玻璃珠数量大致吻合。颗粒的直径同样设置为 4 mm,密度为 2 530 kg/m³,试样的直径与高度分别是 50 mm 与 125 mm。

4.1.5　颗粒沉降

试样制备的第二步涉及颗粒在重力作用下的沉降过程,见图 4-4。所有的颗粒从生成的坐标内做自由落体运动。当试样的整体动能趋于零时,我们认为试样稳定。另外,在制备密实试样时,颗粒间的摩擦系数可以设定为 0,以增加试样的密实度。相反,我们可以将颗粒间摩擦系数设定为 1.0 来提高试样的松散度。在模拟中,试样的密实度通过以下公式进行计算:

$$c = \frac{\frac{4}{3}\pi\, r^3 n}{\pi R^2 h} = \frac{\frac{4}{3}\, r^3 n}{R^2 h}$$

式中,r,n 分别是颗粒的半径与数量,R 和 h 分别是试样的半径与高度。

图 4-5 展示了试样固结过程中的密实度、动能、势能、配位数的变化情况。在最初的 0.1 s,试样的动能快速增长,势能快速减弱,说明颗粒正在加速。试样的密实度在经历了短暂的平稳后开始增长至 0.62,随后保持稳定。颗粒系统的平均配位数在 4.5 左右。

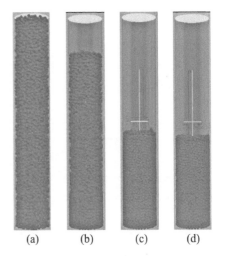

图 4-4　颗粒的生成及沉降过程

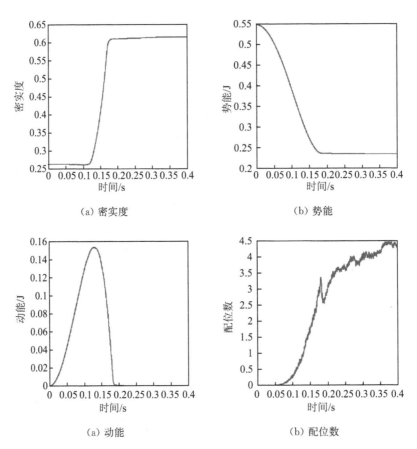

（a）密实度　　　　　　　　　　（b）势能

（a）动能　　　　　　　　　　（b）配位数

图 4-5　试样固结过程中的参数变化

4.1.6 试样制备:击实与振动

参考文献中涉及的采用离散元法制备颗粒介质材料密实试样的研究有很多。在当前研究中,为了制备密实试样,将颗粒间的摩擦系数设为 0 是不够的,因此,我们另外设计了两种不同的方法用于制备密实试样。

4.1.6.1 击实

击实试样是控制上压板上下移动击实试样使得试样更加密实,从而使得数值试样的孔隙率与实验室试样取得基本一致。

图 4-6 展示了上压板的移动坐标与试样高度的关系。试样的初始高度为 127.7 mm,而试样的目标高度为 125 mm。从图中可以看到,上压板首先下降到 124.5 mm,再回到起始高度,我们设定 0.5 s 的停顿时间让系统平衡,并进行下一次击实过程。在重复击实试样后,试样可制备至预期高度 125 mm。

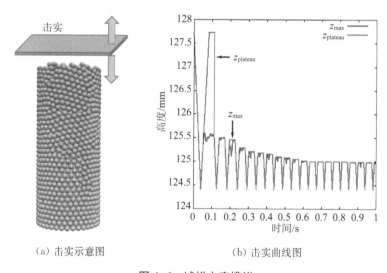

(a) 击实示意图   (b) 击实曲线图

图 4-6 试样击实模拟

4.1.6.2 振动制备

将试样的下底板以 0.4 mm 振幅,100 Hz 频率来振动试样。振动采用如下公式:

$$H = A\sin(wt)$$

$$v = Aw\cos(wt)$$

式中,A 和 w 分别是振动的振幅与频率,H 和 v 分别是下底板的高度与速度。

图 4-7 展示了 1 s 振动过程中试样密实度的变化情况。我们可以看到试样的密实度率先从 0.61 跌至 0.53 随后急升至 0.61 附近再以波浪起伏的趋势缓慢上升。图 4-8 展示了试样通过压实与振动后的状态。

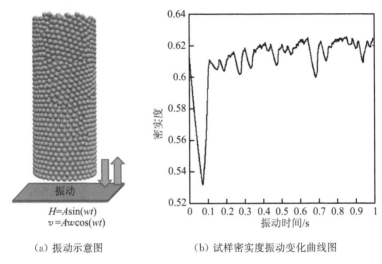

（a）振动示意图　　　　　（b）试样密实度振动变化曲线图

图 4-7　试样振动模拟

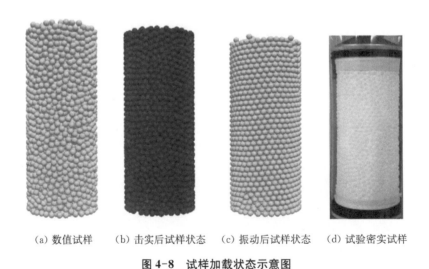

（a）数值试样　　（b）击实后试样状态　　（c）振动后试样状态　　（d）试验密实试样

图 4-8　试样加载状态示意图

4.1.7　圆柱形边界条件伺服机理：固结与剪切

4.1.7.1　基于拉梅公式的圆柱体边界条件

在数值模拟中，我们采用圆柱形边界条件模拟三轴试验。施加在边界条件上的围压可以通过改变圆柱体的半径来达成。圆柱体边界的伺服机制建立在拉梅公式的基础上。拉梅公式是一组可以根据管道内外压强差来计算管道的轴压、围压及轴向应变的计算公式。借助拉梅公式可以用来计算相邻时间步长内圆柱体内外压强差产生的半径变化量。

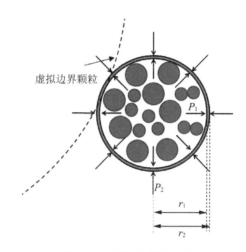

图 4-9　拉梅公式示意图

图 4-9 展示了拉梅公式的应用示意图。假设一个薄壁管道承受内外压强为 P_1 与 P_2。如果外压强 P_2 大于内压强 P_1，则管道收缩；相反，若内压强 P_1 大于外压强 P_2，则管道扩张。在数值模拟中，考虑到试样保持圆柱形，因此我们可以把圆柱体边界条件看作是薄壁管道，至此，拉梅公式在我们的计算中可被用于计算内外压强下的圆柱体半径变化情况，公式如下：

$$\Delta r = \frac{1}{E} \times \left[\frac{(1-\upsilon)(r_1^2 P_1 - r_2^2 P_2)}{r_2^2 - r_1^2} r + \frac{(1+\upsilon) r_1^2 r_2^2 (P_1 - P_2)}{r_2^2 - r_1^2} \frac{1}{r} \right]$$

式中，Δr 是半径的变化量，E 和 υ 分别是圆柱体边界的弹性模量和泊松比，P_1 和 P_2 分别是圆柱体边界的内外压强，r_1 和 r_2 分别是圆柱体边界的内外半径。

表 4-3 归纳了三轴试验模拟所采用的相关参数。

表 4-3　数值模拟参数

弹性模量	65 GPa	颗粒间的滚动摩擦系数	0.01
泊松比	0.25	阻尼系数	3.5×10^{-6}
颗粒间的摩擦系数	0.15	围压	50 kPa, 100 kPa, 200 kPa, 300 kPa
颗粒与边界的摩擦系数	0.05	时间步长	5×10^{-8} s
颗粒与上下底板的摩擦系数	0.25	剪切速度	0.04 m/s

4.1.7.2 各向同性固结

在数值三轴试样固结初始时刻,试样的轴压与围压数值较小。随着实验的进行,轴压逐渐加强,我们通过控制圆柱体的半径保持试样的轴压与围压同步增长,直至最后两者都等于目标压强,见图 4-10。

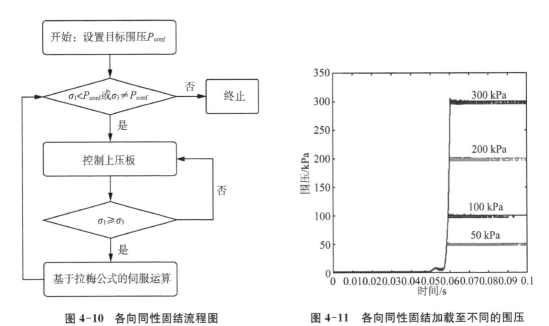

图 4-10　各向同性固结流程图　　　　图 4-11　各向同性固结加载至不同的围压

图 4-11 展示了试样在各向同性固结制备到目标压强 50 kPa、100 kPa、200 kPa、300 kPa 过程中轴压和围压的变化曲线图。我们可以看到轴压和围压的曲线都沿着相同的路径抵达目标围压。

4.1.7.3 三轴剪切

在剪切过程中,试样的围压保持恒定,同时增加试样的轴压以产生偏应力,直至试样剪切破坏。因此,在模拟的过程中,首先控制上压板以恒定速度逐渐下降。若试样围压小于目标围压,则下压板继续下降,在此过程中,我们不使用拉梅伺服机制来控制圆柱体半径,圆柱体半径保持不变;相反,若试样围压大于目标围压,则下压板仍继续下降,同时运用拉梅伺服来控制圆柱体半径变化,使得试样围压与目标围压相等。试样的整个剪切过程持续到轴向应变为 15%,见图 4-12。

图 4-13 显示了试样围压与轴压在剪切过程中的变化情况。我们可以看到试样围压在剪切过程中保持不变,同时轴压增长到峰值强度后逐渐下降,最后趋于残余应力强度。

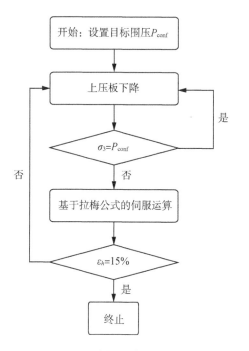

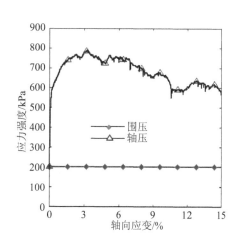

图 4-12　试样三轴剪切流程图　　　　　图 4-13　剪切过程中围压与轴压的变化情况

4.2　数值模拟与试验数据对比

在本小节中,将本章的数值模拟结果与第二章的试验结果进行了对比。表 4-4 为三轴试验中采用的模拟参数。表 4-5 比较了数值模拟与室内试验过程中试样在不同围压下的孔隙率。

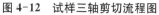
表 4-4　三轴试验模拟参数

弹性模量	65 GPa	阻尼系数	3.5×10^{-6}
泊松比	0.25	围压	50 kPa,100 kPa,200 kPa,300 kPa
颗粒间的摩擦系数	0.15	时间步长	5×10^{-8} s
颗粒与边界的摩擦系数	0.05	剪切速度	0.004 m/s
颗粒与上下底板的摩擦系数	0.25	密实试样颗粒数	4 650
颗粒间的滚动摩擦系数	0.01	松散试样颗粒数	4 050

图 4-14 比较了数值模拟与试验结果的偏应力与体积形变,可以看到数值试样与实验室试样的偏应力峰值阶段与残余应力阶段数值比较相差不大,数值模拟中曲线比试验结果略晚抵达峰值。另外,我们从曲线上还能明显观测到数值模拟中产生了试验过程中的黏滑现

表4-5 数值模拟与室内试验过程中试样在不同围压下的孔隙率比较

围压 (kPa)	e_2		e_3		e_4	
	试验	模拟	试验	模拟	试验	模拟
50	0.554	0.559	0.539	0.547	0.637	0.658
100	0.554	0.559	0.527	0.542	0.628	0.656
200	0.554	0.559	0.526	0.537	0.617	0.662

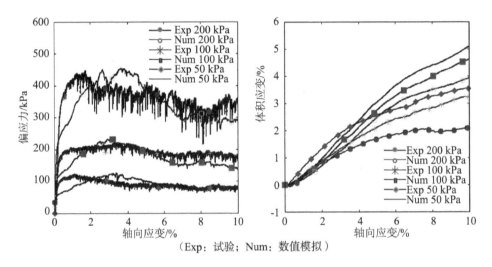

（Exp：试验；Num：数值模拟）

图4-14 数值模拟与室内试验过程中密实试样在不同围压下的偏应力与体积应变比较

象（曲线波动）。黏滑现象的振幅随着围压的升高而增长。数值模拟中黏滑现象的波动幅度小于实验室曲线。除此之外,数值模拟取得的偏应力曲线能较好地拟合试验结果。在体积应变曲线图中,大约在4%轴向应变以后,实验室与数值模拟结果产生较大的分歧,主要原因可能来自圆柱形边界条件无法实现实验室试样的局部形变效果。表4-6与表4-7比较了数值模拟与室内三轴试验对密实试样测得的峰值阶段与残余应力阶段的内摩擦角。在峰值阶段,数值模拟与试验取得的内摩擦角分别为27.2°与27.9°。在残余应力阶段,数值模拟与试验取得的内摩擦角分别为25.0°与24.0°。这在一定程度上验证了数值模拟在剪切达到峰值前效果良好,峰值后的形变曲线模拟与试验数据相比差距较大,但误差仍在允许范围之内。

表4-6 数值模拟与室内三轴试验取得密实试样峰值阶段的内摩擦角对比

	p_{cof}(kPa)	q(kPa)	p'(kPa)	M	φ_{pic}(°)
三轴试验	50	108	86	1.26	
	100	213	171	1.25	27.2
	200	412	337	1.22	

续表 4-6

	$p_{cof}(kPa)$	$q(kPa)$	$p'(kPa)$	M	$\varphi_{pic}(°)$
数值模拟	50	113	88	1.29	27.9
	100	232	177	1.31	
	200	433	344	1.26	

表 4-7　数值模拟与室内三轴试验取得密实试样残余应力阶段的内摩擦角对比

	$p_{cof}(kPa)$	$q(kPa)$	$p'(kPa)$	M	$\varphi_{res}(°)$
三轴试验	50	92	81	1.14	25.0
	100	173	158	1.10	
	200	335	312	1.07	
数值模拟	50	91	80	1.13	24.0
	100	152	151	1.01	
	200	298	299	1.00	

同时,我们也对松散试样进行了数值模拟,并与实验室结果进行了比较。模拟松散试样的颗粒数从密实试样的 4 600 个减少到了 4 000 个。松散试样也在三种围压下 50 kPa, 100 kPa,200 kPa 进行了模拟测试。模拟过程中采用的参数与密实试样的模拟参数保持一致。图 4-15 比较了松散试样的数值模拟与试验结果的偏应力与体积应变结果,我们可以看到在围压 50 kPa 的条件下,数值模拟与试验结果吻合效果良好。在 100 kPa 与 200 kPa 围压的条件下,偏应力模拟数值略小于试验结果。总体来说,松散试样的拟合效果优于密实试样。

图 4-15 还比较了数值试样与室内试验在 50 kPa,100 kPa,200 kPa 下的形变曲线图。

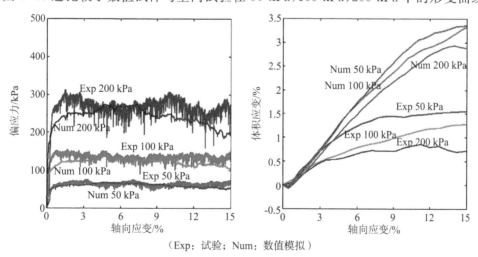

（Exp：试验；Num：数值模拟 ）

图 4-15　数值模拟与室内试验过程中松散试样在不同围压下的偏应力与体积应变比较

另外,松散试样的数值模拟与实验室对比结果明显优于密实试样,可能是由于松散试样在剪切过程中能较好地保持圆柱体形状。同时数值模拟与试验取得的松散试样的内摩擦角也进行了比较。在峰值阶段,数值模拟与室内试验取得的内摩擦角分别为23.3°与22.8°;在残余应力阶段,数值模拟与室内试验取得的内摩擦角分别为23.2°与20.1°。

表4-8与表4-9总结了室内试验与数值模拟分别对密实与松散试样所获得的偏应力值与内摩擦角。

表4-8　数值模拟与室内三轴试验取得松散试样峰值阶段内摩擦角对比

	p_{cof}(kPa)	q(kPa)	p'(kPa)	M	φ_{pic}(°)
三轴试验	50	73	74	0.98	23.3
	100	153	151	1.01	
	200	308	303	1.02	
数值模拟	50	72	74	0.97	22.8
	100	149	150	1.00	
	200	287	296	0.97	

表4-9　数值模拟与室内三轴试验取得松散试样残余应力阶段内摩擦角对比

	p_{cof}(kPa)	q(kPa)	p'(kPa)	M	φ_{res}(°)
三轴试验	50	73	74	0.98	23.2
	100	152	151	1.01	
	200	305	302	1.01	
数值模拟	50	72	74	0.97	20.1
	100	103	134	0.77	
	200	203	268	0.76	

4.3　试样可视化

在三轴试验的模拟过程中,我们不仅研究了试样在剪切过程中的偏应力曲线与形变曲线图,还可以通过后期处理软件 Paraview 对试样的微观颗粒接触状态进行可视化观察。图4-16展示了试样在200 kPa围压下剪切过程中获得的偏应力曲线与体积形变曲线图。在剪切开始阶段(轴向应变1%),峰值阶段(轴向应变4%),以及残余应力阶段(轴向应变14%)分别对试样形态进行可视化观察。

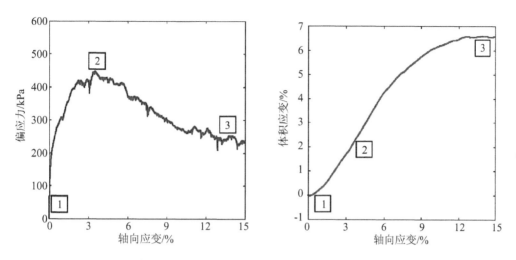

图 4-16　试样在 200 kPa 围压下剪切过程中偏应力与体积应变曲线图

图 4-17 展示了颗粒速度场的分布规律,我们可以看到试样上半部分的颗粒速度场明显大于试样的下半部分。在轴向应变 14% 的时候,试样右下角的速度几乎为零,我们可以把分界线认为是剪切带。

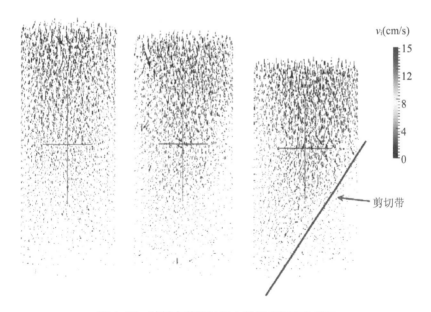

图 4-17　试样在剪切过程中的速度场变化情况

图 4-18 中展示了颗粒角速度场分布规律,我们可以看到角速度在剪切过程中逐渐增长。在轴向应变 14% 的时候,出现一条颗粒色彩明艳的剪切带。

图 4-19 中展示了通过应力张量计算得到的应力分布示意图。我们可以看到在起始时刻,颗粒的应力随机分布,但在试样剪切到 14% 的轴向应变时,应力集中分布在剪切带附近。

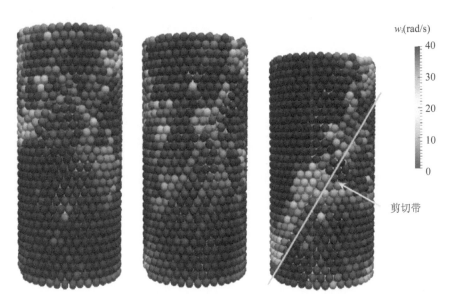

图 4-18　试样在剪切过程中角速度场的变化规律

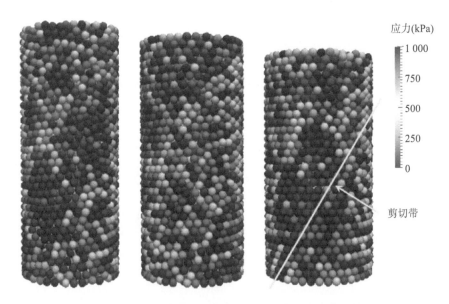

图 4-19　试样在剪切过程中应力张量的分布变化规律

综上所述,尽管圆柱形边界条件不能展现试样在剪切过程中的局部变形,我们仍可以通过试样的颗粒速度场、角速度场、应力等云图的变化情况观察到试样的剪切带生成以及发育情况。另外在试样剪切带周围,颗粒速度场、角速度场、应力值明显强于其他区域。

4.4　参数敏感性分析

4.4.1　颗粒摩擦系数

摩擦系数是离散元模拟中一项重要参数,它将直接影响颗粒间接触力的强弱。在本次数值模拟中,一共涉及三个摩擦系数:颗粒间摩擦系数、颗粒与圆柱边界摩擦系数、颗粒与上下底板摩擦系数。

4.4.1.1　颗粒间摩擦系数

首先,我们研究了不同颗粒间摩擦系数对试样宏观抗剪强度的影响。模拟中采用了四种不同的摩擦系数 0.1、0.2、0.3、0.5。图 4-20 展示了不同摩擦系数颗粒组成的试样在单一围压下的偏应力曲线图。偏应力值随着摩擦系数的升高而升高,偏应力峰值在轴向应变 3% 时到达。不同摩擦系数对应的内摩擦角在峰值阶段与残余应力阶段分别从 26.6° 上升到 29.9°,以及从 21.2° 上升到 23.8°。由此可见,颗粒间摩擦系数的提高可以增强颗粒间的接触力,提高系统的抗剪强度。

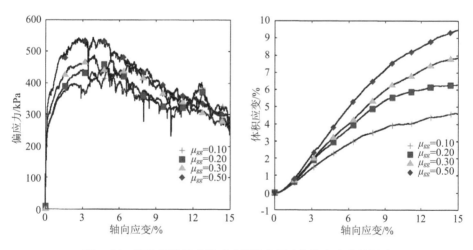

图 4-20　颗粒间摩擦系数对试样抗剪强度与体积应变的影响

图 4-20 还展示了不同摩擦系数对试样形变的影响规律。我们可以看到随着摩擦系数的升高,试样的形变在不断增加。事实上,当颗粒间摩擦系数较小时,颗粒更容易在系统内部移动并找到稳定空间。相反,当颗粒间摩擦系数升高时,试样内部阻力增强,颗粒更倾向于向试样外部移动寻求稳定空间,因此后者的剪胀情况更加明显。所以当摩擦系数升高时,

试样体积应变更大。

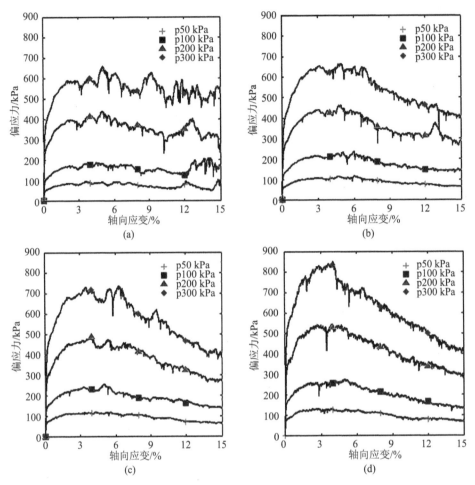

图 4-21 不同摩擦系数对试样偏应力值的影响

(a) $\mu_{gg}=0.1$,(b) $\mu_{gg}=0.2$,(c) $\mu_{gg}=0.3$,(d) $\mu_{gg}=0.5$

图 4-21 展示了不同摩擦系数颗粒组成的试样在不同围压下的偏应力曲线。表 4-10 总结了由不同颗粒间摩擦系数颗粒制成的试样在峰值与残余应力阶段获取的偏应力值与内摩擦角。

表 4-10 试样在不同颗粒间摩擦系数下峰值与残余应力阶段的各项参数

μ_{gg}	p_{cof} (kPa)	q_{pic} (kPa)	p'_{pic} (kPa)	M_{pic}	α_{pic} (°)	q_{res} (kPa)	p'_{res} (kPa)	M_{res}	α_{res} (°)
	50	92	81	1.14		95	82	1.16	
	100	188	163	1.16		153	151	1.01	
0.1	200	432	344	1.26	26.6	302	301	1.00	21.2
	300	651	517	1.26		434	445	0.98	

μ_{gg}	p_{cof} (kPa)	q_{pic} (kPa)	p'_{pic} (kPa)	M_{pic}	α_{pic} (°)	q_{res} (kPa)	p'_{res} (kPa)	M_{res}	α_{res} (°)
0.2	50	112	87	1.28	28.1	78	76	1.03	22.4
	100	235	178	1.32		152	151	1.01	
	200	467	356	1.31		269	291	0.93	
	300	679	526	1.29		402	434	0.93	
0.3	50	117	89	1.31	28.8	75	75	1.00	22.9
	100	252	184	1.37		137	146	0.94	
	200	496	365	1.36		272	291	0.94	
	300	718	539	1.33		392	431	0.91	
0.5	50	125	92	1.36	29.9	78	76	1.03	23.8
	100	287	196	1.47		147	149	0.99	
	200	534	378	1.41		298	299	1.00	
	300	849	583	1.46		416	439	0.95	

4.4.1.2　颗粒与圆柱边界摩擦系数

一些学者把三轴试验,离散元数值模拟中颗粒与边界的摩擦系数设为零,以减少边界条件对颗粒系统的影响。但事实上,颗粒与边界间的摩擦系数不仅对试样局部有较大影响,还对系统整体力学行为有较大的改变。Cui 等[63]人着重讨论了试样剪切过程中,颗粒与边界摩擦系数对试样局部产生膨胀的效果,见图 4-22。当颗粒与边界间的摩擦系数设为零时,试样的膨胀部位主要集中在试样的底部,当参数设为 0.1 时,膨胀变形却发生在了试样的中

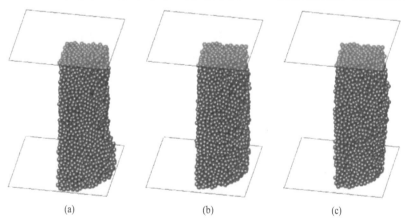

(a)　　　　　　　　(b)　　　　　　　　(c)

图 4-22　颗粒与边界摩擦系数对试样膨胀位置的影响

(a) $\mu_{gw}=0.0$, (b) $\mu_{gw}=0.05$, (c) $\mu_{gw}=0.1$

部,因此颗粒与边界的摩擦系数不容忽视。由于室内试验中三轴试样橡胶膜比玻璃珠表面更加光滑,所以该参数的取值小于颗粒之间的摩擦系数。图 4-23 展示了不同颗粒与边界的摩擦系数对试样偏应力强度的影响。当摩擦系数从 0 升高到 0.2 时,偏应力强度增强了大约 200 kPa,进一步说明该参数对试样抗剪强度的影响无法忽视。

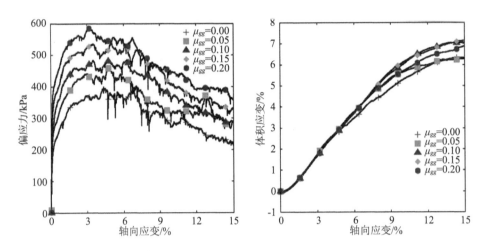

图 4-23　颗粒与圆柱边界摩擦系数对试样抗剪强度与体积应变的影响

4.4.1.3　颗粒与上下底板摩擦系数

在室内三轴试验中,两块透水石被放置在试样的上下底面。由于透水石表面粗糙,所以我们研究了颗粒与上下底板摩擦系数对系统整体抗剪强度的影响。图 4-24 展示了不同颗粒与上下底板摩擦系数对试样宏观力学强度的影响规律。研究表明,该参数上升只引起偏

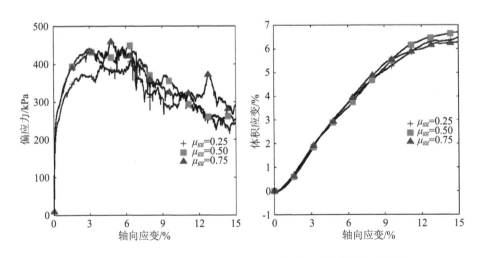

图 4-24　颗粒与上下底板摩擦系数对试样抗剪强度与体积应变的影响

应力强度的微幅提高,而试样的形状没有明显的变化。因此,该参数对试样宏观参数的影响并不明显。

4.4.2 颗粒滚动摩擦系数

当粗糙颗粒相互接触时,颗粒的棱角会阻止颗粒的滑动与滚动。尽管在离散元模拟中,颗粒是球形的,但为了更贴近现实,颗粒间的滚动摩擦系数被引入到离散元数值模拟之中。我们测试了四种不同的滚动摩擦系数。从图 4-25 中可以看到,当滚动摩擦系数从 0 升高到 0.05 时,偏应力强度从 400 kPa 明显升高到了 550 kPa,且残余应力从 270 kPa 升高到 350 kPa,试样的体积应变从 6%升高到 8%;当滚动摩擦系数从 0.05 升高到 0.5 时,偏应力峰值的提升幅度却有所减少,峰值强度仅从 550 kPa 升高到 580 kPa;而当滚动摩擦系数从 0.5 升高到 1.0 时,试样的偏应力曲线图与试样形变曲线图没有显著变化,因此滚动摩擦系数在 0.5 至 1.0 范围内的变化对模拟结果影响并不明显。

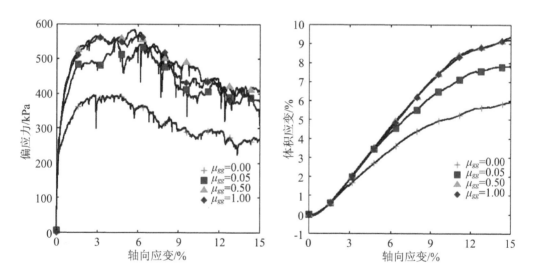

图 4-25 颗粒间滚动摩擦系数对试样抗剪强度与体积应变的影响

4.4.3 初始孔隙率的影响

为了研究初始孔隙率对试样抗剪强度的影响,我们制备了四种不同初始孔隙率的试样。不同试样的初始孔隙率列于表 4-11。在数值模拟中,其他模拟参数都保持一致。

表 4-11 不同初始孔隙率试样的制备

试样	初始孔隙率	初始密实度
试样 1	0.632	0.613
试样 2	0.597	0.626
试样 3	0.583	0.630
试样 4	0.572	0.636

图 4-26 展示了不同初始孔隙率对试样偏应力曲线与试样形变程度的影响。对于初始最密实的试样 e_4，偏应力在轴向应变 4％时达到峰值强度 460 kPa，在残余应力区，偏应力稳定在 230 kPa。对于试样 e_2 与 e_3，峰值分别在轴向应变 4％和 5％时达到峰值强度 350 kPa 和 300 kPa，偏应力在残余应力阶段稳定在 230 kPa。对于松散试样，没有观测到明显的峰值。因此，初始孔隙率越小，试样越密实，偏应力峰值强度越强；相反，初始孔隙率对试样残余应力强度没有明显的影响。图 4-26 还展示了初始孔隙率对试样体积应变的影响。我们注意到初始孔隙率越小，试样体积应变越明显。

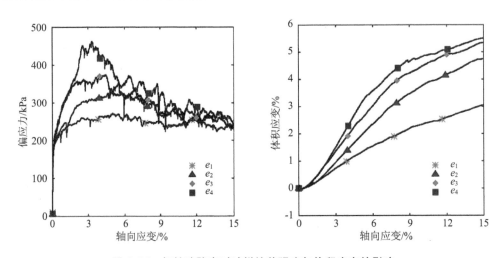

图 4-26 初始孔隙率对试样抗剪强度与体积应变的影响

4.4.4 剪切速度的影响

试样的剪切速度是三轴试验模拟中一个重要的参数。为了保证试样模拟在超静定状态下进行，Radjai 提出了如下计算公式：

$$I = \dot{\varepsilon}_r \sqrt{\frac{m}{pd}}$$

式中，I 是惯性指数，$\dot{\varepsilon}_r$ 是剪切速率，m 是颗粒质量，p 是围压，d 是颗粒的直径。当惯性指数小于 1.0 时可以认为系统处于超静定状态。在我们的模拟中,该指数小于 10^{-3},因此试样符合超静定状态的标准。图 4-27 比较了四种不同剪切速度下试样的偏应力曲线图与应变曲线图。当剪切速度从 0.04 m/s 上升到 0.2 m/s 时,惯性指数从 4×10^{-4} 上升到 7×10^{-4},均小于 10^{-3}。当剪切速度从 0.4 m/s 上升到 2.0 m/s 时,惯性指数从 1.1×10^{-3} 上升到 5.2×10^{-3},大于 10^{-3},而偏应力曲线的波动更加明显。相较于偏应力曲线,应变曲线的波动则没有明显变化。

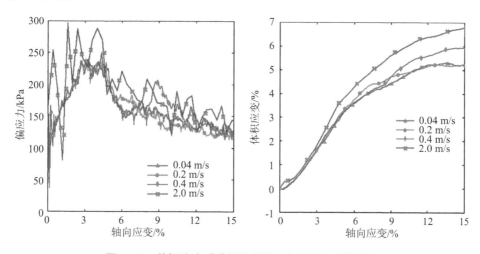

图 4-27　剪切速度对试样抗剪强度与体积应变的影响

4.4.5　颗粒尺寸效应

与此同时,我们制备了三种不同颗粒尺寸($\phi4$ mm、$\phi6$ mm、$\phi1$ cm)的数值试样,如图4-28所示。

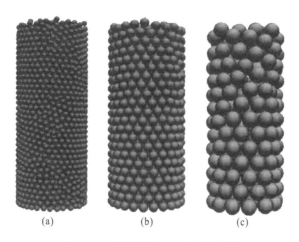

(a)　　　　　(b)　　　　　(c)

图 4-28　不同颗粒尺寸的数值试样

数值模拟过程采用的离散元参数见表 4-12 与表 4-13。

表 4-12　不同尺寸颗粒的模拟参数

颗粒直径(mm)	颗粒数	弹性模量(GPa)	泊松比	阻尼系数
$\phi 4$	4 600	65	0.25	3.5×10^{-6}
$\phi 6$	1 260	65	0.25	2.5×10^{-6}
$\phi 1$	250	65	0.25	1.5×10^{-6}

表 4-13　数值模拟参数取值

颗粒间摩擦系数	0.15	围压(kPa)	50,100,200,300
颗粒与边界条件摩擦系数	0.05	时间步长(s)	5×10^{-8}
颗粒与上下底板摩擦系数	0.25	剪切速度(m/s)	0.004
颗粒间滚动系数	0.01		

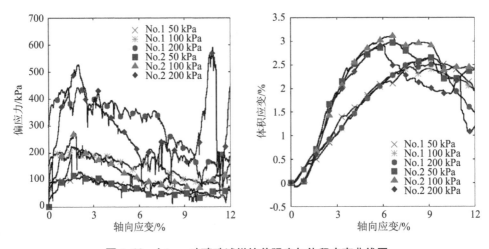

图 4-29　$\phi 1$ cm 玻璃珠试样抗剪强度与体积应变曲线图

图 4-29 展示了 $\phi 1$ cm 颗粒组成的试样在不同围压下的偏应力曲线与应变曲线图。相同围压下,由试验重复取得的偏应力曲线重合度不高。随着围压的上升,重合度随之下降。试样的应变曲线图与试样的初始状态有关,不同试样的应变曲线图区别较明显。

图 4-30 展示了 $\phi 6$ mm 颗粒制备的试样在三种不同围压(50 kPa、100 kPa、200 kPa)下的偏应力曲线图与体积应变曲线图。$\phi 6$ mm 颗粒试验结果曲线的重复率优于 $\phi 1$ cm 玻璃珠试样。偏应力曲线图的峰值强度几乎达到了相同的数值,但是抵达峰值的时间略有不同。因此,试样的初始状态对试样的应变有显著的影响。我们可以认为 $\phi 6$ mm 颗粒的数量满足取得重复试验结果的要求。

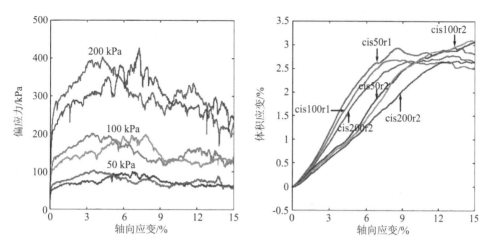

图 4-30　ϕ 6 mm 玻璃珠试样抗剪强度与体积应变曲线图

图 4-31 展示了不同单一尺寸颗粒组成的试样的抗剪强度与体积应变曲线图。从图中可以看到,尺寸对试样的抗剪强度与应变曲线有明显的差异。大尺寸颗粒组成的试样抗剪强度略低于小颗粒组成的试样,同时大颗粒试样的应变曲线大于小颗粒试样。

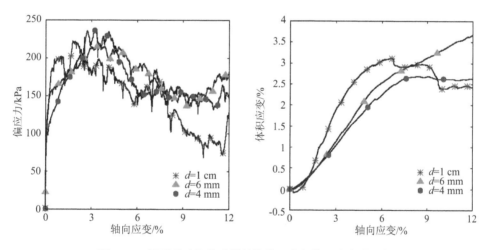

图 4-31　不同尺寸颗粒试样的抗剪强度与体积应变的比较

图 4-32 比较了 ϕ 6 mm 颗粒制备的试样在 100 kPa 围压下的数值模拟与试验结果。我们看到数值模拟结果虽略小于试验结果,但两条偏应力曲线近乎重合。同时,试验结果与数值模拟的应变曲线图基本保持一致,说明我们提出的数值模型可以较好地拟合 ϕ 6 mm 玻璃珠在 100 kPa 下的抗剪强度与体积应变情况。

图 4-33 展示了 ϕ 6 mm 试样在不同围压下的偏应力与体积应变曲线图。表 4-14 中列举了 ϕ 6 mm 试样在不同围压下的参数结果。试样在峰值与残余应力阶段的内摩擦角分别是 26.5°与 23.6°。与 ϕ 4 mm 玻璃珠试样分别在峰值与残余应力阶段内摩擦角取得的 27.9°

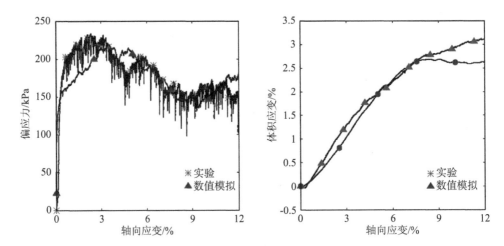

图 4-32 ϕ6 mm 尺寸颗粒试样数值模拟与室内试验取得的抗剪强度与体积应变的比较

与 24.0°相比,两者区别并不明显。

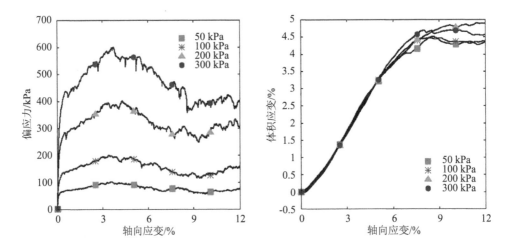

图 4-33 ϕ6 mm 颗粒试样在不同围压下的偏应力与体积应变曲线图

表 4-14 6 mm 颗粒制备试样在峰值强度与残余应力阶段的各项参数

尺寸	p_{cof} (kPa)	q_{pic} (kPa)	p'_{pic} (kPa)	M_{pic}	α_{pic} (°)	q_{res} (kPa)	p'_{res} (kPa)	M_{res}	α_{res} (°)
	50	99	82	1.18		87	79	1.10	
ϕ6 mm	100	199	166	1.20	26.5	168	156	1.08	23.6
	200	401	334	1.20		299	300	1.00	
	300	603	501	1.20		402	434	0.93	

4.4.6 两种尺寸颗粒混合试样的数值模拟

对不同混合比试样进行的数值模拟,我们仍采用 RSA 算法生成数值试样。生成过程中,我们首先生成大颗粒,随后生成小颗粒。鉴于不同混合比的试样可以在一定程度上增加试样的密实度,因此在颗粒沉降完毕后,不需要采用击实或振动等方式增加试样的密实度。

图 4-34 展示了四种不同混合比颗粒的数值试样。数值试样的混合比与实验室制备的试样保持一致。

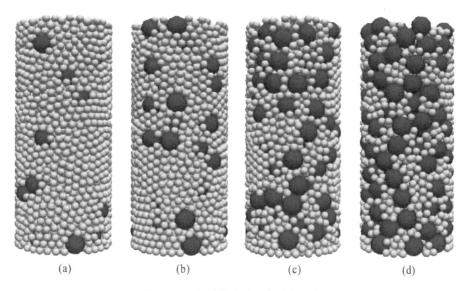

图 4-34 不同混合比颗粒数值试样

图 4-35 至图 4-38 比较了不同混合比试验试样与数值试样在 100 kPa 下的抗剪强度与应变曲线图,我们看到数值试样与试验试样在相同围压下的偏应力曲线图基本一致。抗剪峰值强度基本保持在 160 kPa,残余应力强度在 120 kPa 至 140 kPa 区间内波动。对于试验结果与数值结果的应变曲线图的比较,除混合比 2∶1 的数值模拟与试验结果相差较大外,其他三种混合比数值试样与实验室结果的应变曲线能较好地拟合。通过这一小节不同混合比试样在 100 kPa 围压下三轴试验的数值模拟与实验室结果的比较,我们可以认为数值模型可以较好地拟合不同混合比的玻璃珠混合试样的抗剪强度。在此基础上,我们继续模拟了不同混合比试样在 50 kPa、100 kPa、200 kPa 与 300 kPa 下的抗剪强度。

图 4-39 至图 4-42 分别比较了不同混合比的数值试样在不同围压 50 kPa、100 kPa、200 kPa、300 kPa 下的抗剪强度与体积应变曲线图。我们可以观察到混合比在 1∶5 与 1∶2 情况下,两种混合比试样的抗剪强度曲线图几乎重合,然而随着大颗粒数量的激增,曲线波动幅度明显增大。总体来说,四种试样的抗剪强度在相同围压下基本保持一致。

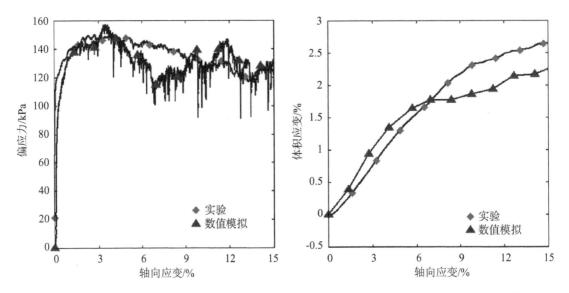

图 4-35 混合比 1∶5 试样在 100 kPa 围压下偏应力与体积应变试验结果与数值模拟结果比较

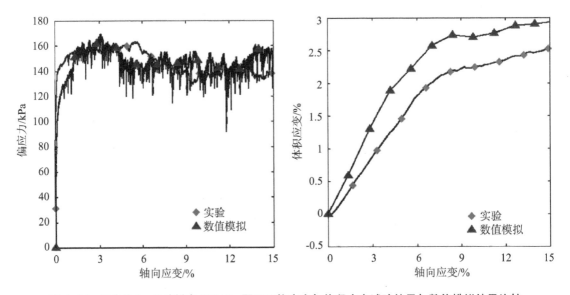

图 4-36 混合比 1∶2 试样在 100 kPa 围压下偏应力与体积应变试验结果与数值模拟结果比较

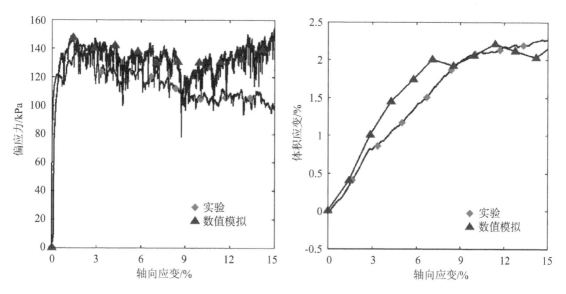

图4-37 混合比1：1试样在100 kPa围压下偏应力与体积应变试验结果与数值模拟结果比较

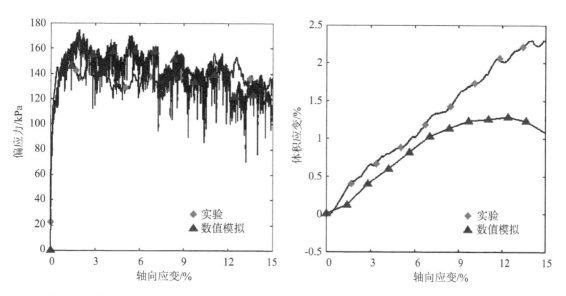

图4-38 混合比2：1试样在100 kPa围压下偏应力与体积应变试验结果与数值模拟结果比较

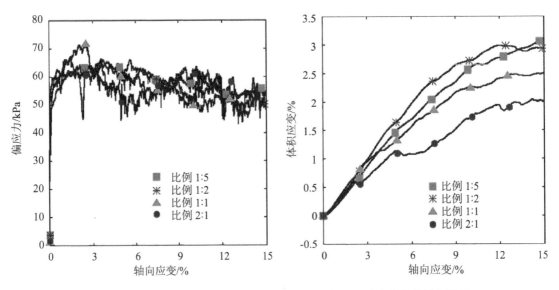

图 4-39 不同混合比试样在 **50 kPa** 下抗剪强度与体积应变的数值模拟结果

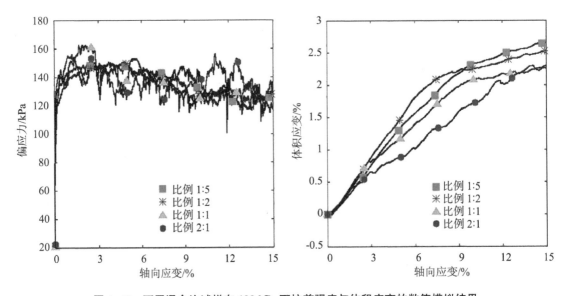

图 4-40 不同混合比试样在 **100 kPa** 下抗剪强度与体积应变的数值模拟结果

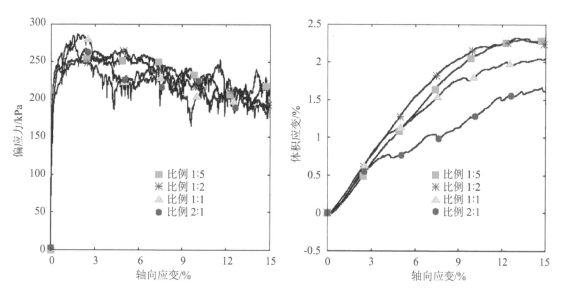

图 4-41　不同混合比试样在 200 kPa 下抗剪强度与体积应变的数值模拟结果

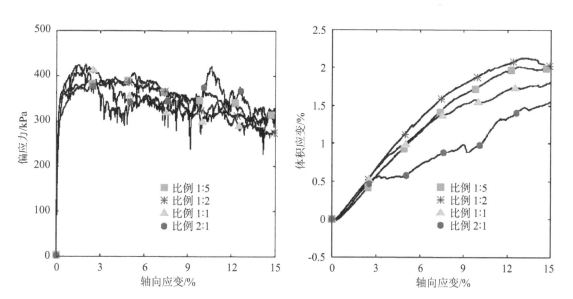

图 4-42　不同混合比试样在 300 kPa 下抗剪强度与体积应变的数值模拟结果

图 4-43 至图 4-46 分别比较了四种不同混合比试样在不同围压下的抗剪强度与体积应变曲线图。随着围压的上升,四种试样的抗剪强度也随之上升。另外,试样的体积应变随着围压的上升而幅度变小。四种试样的内摩擦角在峰值与残余应力阶段分别保持在 22°与 19.5°左右,见表 4-15。

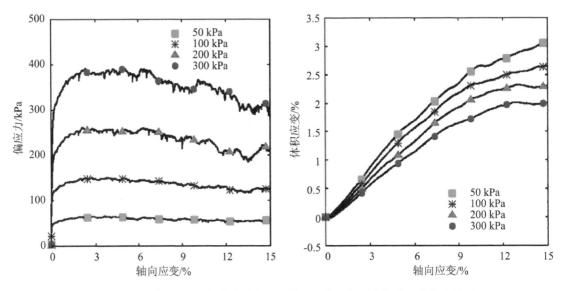

图 4-43　混合比 1:5 数值试样在不同围压下的抗剪强度与体积应变曲线图

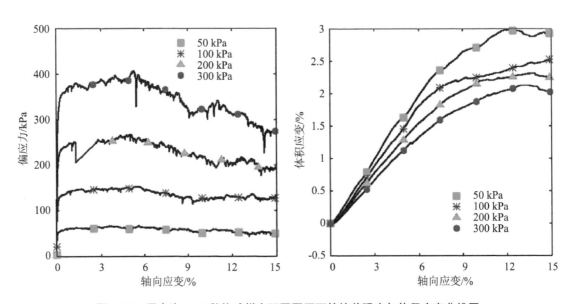

图 4-44　混合比 1:2 数值试样在不同围压下的抗剪强度与体积应变曲线图

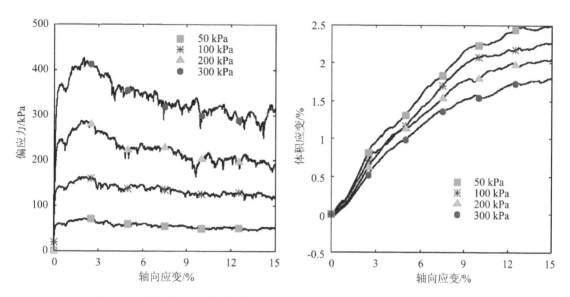

图 4-45 混合比 1∶1 数值试样在不同围压下的抗剪强度与体积应变曲线图

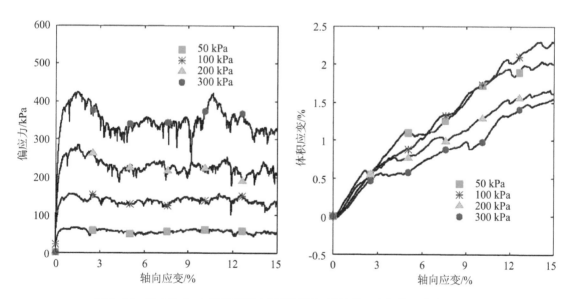

图 4-46 混合比 2∶1 数值试样在不同围压下的抗剪强度与体积应变曲线图

表 4-15　不同混合比数值试样在不同应力状态下峰值与残余应力阶段的各项参数

比例	p_{cof} (kPa)	q_{pic} (kPa)	p'_{pic} (kPa)	M_{pic}	α_{pic} (°)	q_{res} (kPa)	p'_{res} (kPa)	M_{res}	α_{res} (°)
1:5	50	63	71	0.9	21.7	52	67	0.8	19.4
	100	142	147	1.0		123	141	0.9	
	200	262	287	0.9		213	271	0.9	
	300	396	432	0.9		307	402	0.8	
1:2	50	58	69	0.8	21.8	51	67	0.8	19.3
	100	149	150	1.0		138	146	0.9	
	200	271	290	0.9		198	266	0.7	
	300	402	434	0.9		281	394	0.7	
1:1	50	67	72	0.9	22.1	50	67	0.8	19.1
	100	158	153	1.0		123	141	0.9	
	200	289	296	1.0		200	266	0.7	
	300	413	438	0.9		304	401	0.8	
2:1	50	54	68	0.8	21.9	52	67	0.8	19.7
	100	152	151	1.0		138	146	0.9	
	200	282	294	1.0		202	267	0.9	
	300	415	438	1.0		319	406	0.8	

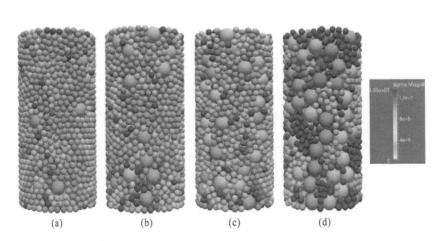

图 4-47　不同混合比颗粒试样平均应力分布图

图 4-47 显示了不同混合比试样颗粒的应力分布图。随着大颗粒体积分数的增加，粗颗粒与细颗粒间的应力差值随之增大。从图 4-47(a~c)中可以看到，在粗颗粒含量较低时，颗粒间的应力分布较为均匀，随着试样中粗颗粒含量的增多，颗粒的应力分布趋于混杂。而在

图 4-47(d)中,我们可以明显观察到粗颗粒间存在一条粗力链从试样的底部延伸到试样的顶部,说明颗粒间的大接触力主要在粗颗粒间传递,而细颗粒间传递的荷载相对较弱。另外,小颗粒还有"润滑"作用,可以减弱大颗粒间的锁定效应[66-69]。

4.5　本章小结

在本章中,我们详细介绍了采用三维离散元法模拟三轴试验的方法步骤,包括生成试样、制备试样、固结试样及剪切试样等。另外,我们还提出了一种新型的基于拉梅公式的圆柱形伺服边界条件。该边界条件可被用于试样各向同性固结,以及试样三轴剪切两阶段的模拟工作。在数据分析中,我们分别从试样的宏观力学行为到微观颗粒接触状态对试样进行了模拟研究。在参数敏感性分析中,我们讨论了颗粒间摩擦系数、颗粒与边界条件间摩擦系数、颗粒与上下底板间摩擦系数、颗粒间的滚动摩擦系数等参数对试样抗剪强度以及体积应变的影响规律。研究表明,当摩擦系数升高时,试样的抗剪强度增强,但是颗粒系统对各摩擦系数的敏感性程度不同。其中颗粒间摩擦系数的敏感程度最高,颗粒与边界条件间的摩擦系数敏感性次之,颗粒与上下底板间摩擦系数以及颗粒之间的滚动摩擦系数两个参数影响较弱。随后,我们还将数值模拟结果与上一章的试验结果进行了对比,尽管圆柱形边界条件无法模拟试样的局部变形,但是我们还可以通过观测试样颗粒的速度场、位移场、应力场分布等云图来观测试样的剪切带生成情况。此外,我们还讨论了初始孔隙率与试样抗剪强度的变化规律,试样越密实,其偏应力峰值强度越高,试样越松散,其峰值强度越低。另外,初始孔隙率对试样的残余应力强度影响不明显,相同围压下,不同初始孔隙率的试样残余应力都几乎趋于相同的残余强度。针对不同尺寸的均质颗粒试样,试样抗剪强度没有因为颗粒尺寸的变化而发生相应的改变。然而,试样尺寸对测试结果的稳定性有较大的影响,颗粒尺寸越大,曲线波动幅度越明显。最后,不同混合比试样的抗剪强度主要取决于试样的初始孔隙率,混合比对试样的抗剪强度产生较大的影响,试样的体积应变随着大尺寸颗粒的增加而减小。

第五章 土体应力状态对 CPT 贯入参数的影响

在本章节中,我们将采用离散元法对 CPT 贯入过程进行数值模拟,旨在研究土体不同应力状态对 CPT 贯入参数的影响。

5.1 土体单元选取

土体在自身重力、建筑物荷载、地下水渗流及地震等作用下均可产生土应力。土的应力可分为自重应力与附加应力。土的自重应力是指土体受到自身重力作用水产生的应力变化。土的附加应力是指土体受外荷载(包括建筑物荷载、堤坝荷载等),以及地下水渗流、地震等作用产生的附加应力增量。土中任一点在各个方向上的应力值,即为该土体单元的应力状态。当土体在外力作用下处于静力平衡状态时,该土体单元的应力状态可以用正六面体单元上的应力来表示,如图 5-1 所示。作用在土体单元上的三个法向应力分量分别为 σ_x、σ_y、σ_z,六个剪应力分量的关系为 $\tau_{xy} = \tau_{yx}$,$\tau_{yz} = \tau_{zy}$,$\tau_{xz} = \tau_{zx}$。

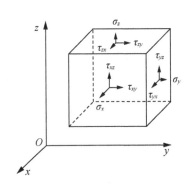

图 5-1 土单元六面体应力状态

当土体单元所受的应力作用发生应变后,单元内部土颗粒排列空间位置会发生相应改变,从而造成土体空间结构的变化。这种变化结果将进一步影响土体单元的应力应变及加载关系,使之不同于土体单元的初始加载应力应变状态。不同方向上的应力增量引起的应变增量的方向和大小都不同,初始不等向固结引起的各向异性是造成这种情况的主要原因,沿不同应力路径加载也会造成土体单元不同的应变情况。

原状天然土的各向异性更加复杂。原状土的各向异性是其复杂结构性的表现。土的结构性是由于土颗粒空间排列集合及土中各颗粒间的作用力造成的,土体结构性可以明显影响土的强度。

　　为了研究不同工况下土体单元的应力状态,本书通过建立数值模型进行研究。图 5-2 (a)展示了堆载工况的数值模型,图 5-2(b)(c)(d)为堆载工况的剖面图,分别为一层、两层及三层堆载。在模拟过程中,我们选取模型下方的土体单元进行研究。因此,宏观土体应力状态的研究转化为对土体单元的应力研究,而宏观土体应力状态应该遵循微观土体单元的应力规律。

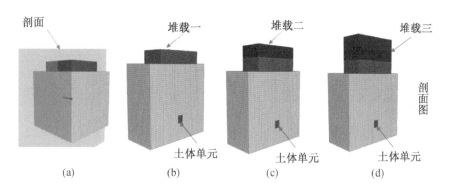

图 5-2　加载状态下土体单元的选取

　　假设未开挖前土体单元三向的应力分别为 σ_x、σ_y、σ_z,且土体区域无限大,水平向应力 σ_x 与 σ_y 保持不变。堆载过程中,附加应力将使得 z 向 σ_z 增大,见图 5-4。

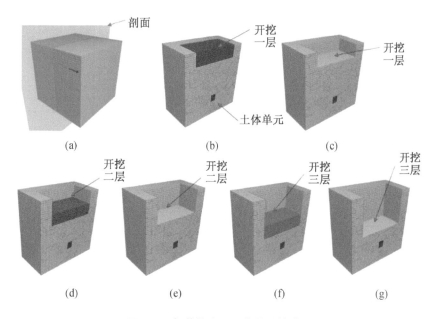

图 5-3　卸载状态下土体单元的选取

　　同样的,图 5-3(a)展示了开挖工况的数值模型,图 5-3 (b)-(g)分别为开挖一层、二层及三层的剖面图。针对开挖工况下土体应力状态,同样分别选取开挖一层、二层、三层时土体下方的单元土体的应力情况进行研究。从图 5-5 中可以看到,开挖工况中,随着上覆土层的去除,上覆土重力减小,则土体单元的轴向应力较开挖前减小。

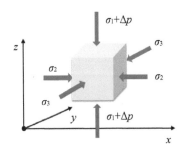

图 5-4　加载状态下土体应力状态

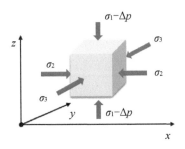

图 5-5　卸载状态下土体应力状态

因为宏观土体是由无数土体单元组成的,因此连续土体单元的应力变化即反映了宏观土体的应力状态。因此土体宏观应力状态对 CPT 实测参数的影响可以首先通过微观土体单元进行模拟研究。连续微观土体应力单元对 CPT 参数的叠加影响即为宏观土体应力状态对 CPT 参数的影响。

5.2　试样制备

通过上文的分析,我们了解到宏观土体应力状态对 CPT 贯入参数的影响可以通过对土体单元的研究来解决。在离散元模拟中,土体单元由土颗粒组成,土体微观颗粒接触符合宏观土体本构模型。另外,从微观角度来看,土体单元的应力状态即为土体单元三向应力的变化情况,土体单元的三向应力状态采用伺服机制进行制备。

本项模拟工作借助 PFC5.0 软件进行。PFC5.0 是 Itasca 公司开发的专门用于模拟颗粒材料物理力学性质的数值模拟软件。

模拟假设土体单元为边长 0.5 m 的立方体。因此为了制备土体单元试样,首先生成边长为 0.5 m 的立方体边界,见图 5-6。随后,采用 RSA 法在立方体边界上方生成 40 000 个颗粒,颗粒尺寸在 1 mm～2 mm 之间分布。随后,赋予颗粒重力使其下降沉积在立方体边界内部。待试样状态稳定以后,控制上压板向下击实试样至指定孔隙率,从而制备出不同初始孔隙率的试样。接着,设定试样的目标围压,采用伺服系统控制六面体边界条件控制试样的压强 $p=F/S$。若边界所受到的压强小于目标围压,则墙体继续挤压试样以增大压强,反之则远离试样降低压强。边界的每一面墙体都能独立工作从而控制试样每一个侧面所受的压强,直至将试样制备至各向围压相等或不等的应力状态。表 5-1 展示了数值模拟的相关参数。

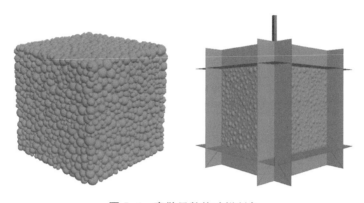

图 5-6 离散元数值试样制备

表 5-1 模型力学参数取值

参数	取值	单位
颗粒密度	2 600	kg/m³
局部阻尼系数	0.7	—
恢复系数	0.8	—
颗粒间摩擦系数	0.5	—
颗粒-墙体摩擦系数	0.5	—
颗粒法向刚度	7.5×10^7	N/m
颗粒切向刚度	5.0×10^7	N/m
拉伸强度	5.0×10^7	N/m
黏聚力	5.0×10^7	N/m
墙体法向刚度	1.5×10^{10}	N/m
墙体切向刚度	1.0×10^{10}	N/m
平行键距离	1.0×10^{-4}	m
时间步长	1.5×10^{-5}	s

生成的静力触探 CPT 模型,见图 5-7。CPT 模型共分为三部分,包括锥头、摩擦套筒及锥杆。其中,锥头直径为 0.1 m,锥尖为 60°圆锥体,摩擦套筒高度为 0.15 m,锥杆的高度为 0.8 m。锥尖与摩擦套筒与颗粒间的摩擦系数设定为 0.3,而锥杆与土颗粒间的摩擦系数设定为 0.05。待 CPT 模型建立好以后,CPT 按一定的贯入速度匀速贯入土体单元模型。为了使模拟结果不因为贯入速度太大而产生误差,CPT 贯入速度需要符合惯性指数 I 小于 1.0,以使得模型系统处于超静定状态。惯性指数 I 被用于表征颗粒系统中的动态影响,见下面公式:

图 5-7　CPT 离散元模型

$$I = \dot{\gamma} d_{50} \sqrt{\rho / p}$$

式中，$\dot{\gamma}$ 代表剪切速率，d_{50} 代表颗粒平均尺寸，ρ 代表颗粒密度，p 代表围压。因此，为了使系统保持在超静定状态，在我们的模拟计算中，CPT 的贯入速度保持在 10 mm/s，惯性指数满足要求。

通过对 CPT 贯入过程的模拟，研究 CPT 贯入过程中锥尖阻力与侧壁摩擦力随贯入深度的变化规律。

CPT 贯入过程中所获得的锥尖阻力曲线波动通常非常明显，曲线波动的干扰容易造成数据的偏差。Arroyo[39]建议采用下面公式过滤曲线上的波动，见图 5-8。

$$q_c (H) = a(1 - \mathrm{e}^{-bh})$$

式中，a 为稳态锥尖阻力强度，b 为拟合参数，h 为贯入深度，$q_c(H)$ 为锥尖阻力在 H 深度的拟合值。

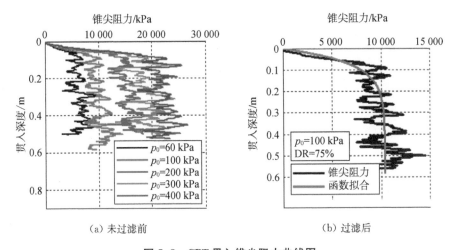

（a）未过滤前　　　　　　　　　　　（b）过滤后

图 5-8　CPT 贯入锥尖阻力曲线图

事实上，导致曲线波动产生的最主要的原因是锥尖尺寸与平均粒径的比值（$n = d_c / d_{50}$）。模拟计算中，n 值如果约等于 8 时，我们可以获得较为平滑的曲线。

$$R_d = D_c / d_c$$

式中，D_c 为标定罐尺寸，d_c 为锥头尺寸。

a, b 取值见以下公式：

$$a = 9 \cdot 10^{-5} R_d{}^{2.02}$$

$$b = -0.565\ln(R_d) + 2.59$$

通过上述公式可以对 CPT 贯入曲线进行数据过滤。

5.3　土体单元应力状态

通过数值模拟参数分析研究模型在各围压条件下试样宏观力学特性及其对 CPT 贯入过程中的锥尖阻力、侧壁摩擦力的影响。

5.3.1　各向同性

众所周知，固结应力历史是土体材料强度的重要影响因素之一。在土体固结期间，黏性土结构持续发生变化，颗粒之间的塑性变形不断发展。因此，土体材料无法恢复到加载前的初始状态。颗粒间的永久塑性变形会引起土颗粒间的接触面增大，从而提高土颗粒间的凝聚力。因此，土体试样在承受较高的应力状态时会表现出更高的强度。对于离散元数值模拟，只有正确选取颗粒接触模型，才能模拟出材料的强度随固结应力水平的提高而增加这一本构关系。我们在建立的数值模型中选取平行黏结模型，这一接触模型可以很好地反映颗粒介质材料在固结应力历史与颗粒抗压强度的关系。同时，两者的相关性也可以在 CPT 贯入参数中体现出来，随着固结应力的提高，CPT 贯入时的锥尖阻力与侧壁摩擦力变强。

为了验证这个推论，我们对相同初始状态模型试样进行不同应力路径的固结。初始建立的模型试样的初始密度为 0.2，各向同性固结围压从 100 kPa 起，每 100 kPa 为一阶段，固结至 500 kPa。试样固结结束后，我们对固结好的不同围压下的土体单元试样上进行 CPT 贯入模拟，同时保持相关参数不变。

CPT 贯入锥尖阻力与侧壁摩擦力在不同固结应力下的曲线如图 5-9 与图 5-10 所示。X 轴代表锥尖阻力与侧壁摩擦力，Y 轴代表贯入深度。随着贯入深度的增加，锥尖阻力从原点开始增长到极值，随后基本稳定。在锥尖阻力增长的过程中伴随着数据的扰动。

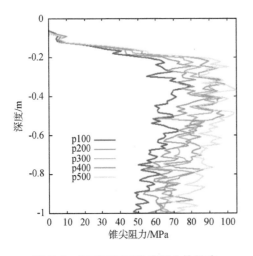

图 5-9 不同围压对锥尖阻力的影响

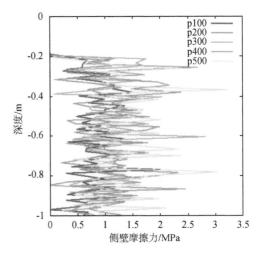

图 5-10 不同围压对侧壁摩擦力的影响

在 100 kPa 的固结压力下,锥尖阻力强度为 50 MPa,侧壁摩擦力在 0.5 MPa 左右,随着试样承受的固结压力的上升,锥尖阻力与侧壁摩擦力不断升高,在试样承受 500 kPa 固结应力的状态下,锥尖阻力达到 75 MPa,同时,侧壁摩擦力也从 0.5 MPa 上升至 1.3 MPa。由此可见,固结应力对 CPT 锥尖阻力与侧壁摩擦力有着明显的影响。

表 5-2 围压变化对 CPT 锥尖阻力与侧壁摩擦力的影响

初始孔隙率	围压控制	锥尖阻力	侧壁摩擦力
0.2	100 kPa	50 MPa	0.5 MPa
0.2	200 kPa	55 MPa	0.7 MPa
0.2	300 kPa	65 MPa	0.8 MPa
0.2	400 kPa	71 MPa	1.1 MPa
0.2	500 kPa	75 MPa	1.3 MPa

通过对表 5-2 中采集的结果参数进行拟合,得到锥尖阻力与围压的拟合公式,见图 5-11:

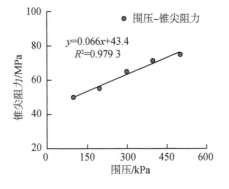

图 5-11 锥尖阻力与围压的关系

$$y = 0.066x + 43.4$$

锥尖阻力与围压呈线性变化,趋势线拟合程度 R^2 为 0.979 3,说明拟合度良好。

同时,对侧壁摩擦力与围压结果进行曲线图拟合,侧壁摩擦力与围压的拟合公式见图 5-12:

$$y = 0.002x + 0.28$$

$$R^2 = 0.980 4$$

侧壁摩擦力与围压呈线性关系,趋势线拟合程度 R^2 为 0.980 4,说明拟合度良好。

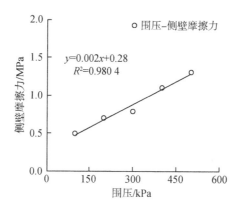

图 5-12　侧壁摩擦力随围压变化拟合曲线与公式

5.3.2　附加应力

上一节,我们对均质土单元三轴围压状态下应力状态进行了模拟研究。在这一节中,我们着重研究单轴应力变化对 CPT 贯入参数的影响规律。首先在 100 kPa 围压下进行土体单元的应力固结,随后逐步增加试样的竖向应力,每级加载为 20 kPa,试样固结过程中水平向应力不变。加载参数见表 5-3。

表 5-3　土单元试样附加应力加载分布

水平围压(kPa)	轴向围压(kPa)	锥尖阻力(MPa)	侧壁摩擦力(MPa)
100	120	40	0.42
100	140	43	0.51
100	160	50	0.62
100	180	51	0.72
100	200	55	0.91

从图 5-13 中可看到,保持试样的水平围压不变,随着试样的竖向应力的增加,锥尖阻力也相应增加。当试样的竖向应力从 120 kPa 上升到 200 kPa 时,锥尖阻力从 40 kPa 上升到 55 kPa。图 5-14 展示了侧壁摩擦力与附加应力的相互关系,从图中可以看到侧壁摩擦力受附加应力增加的变化并不明显。

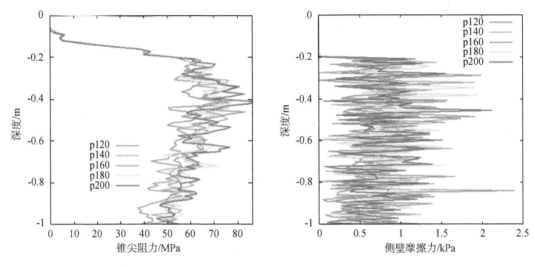

图 5-13 锥尖阻力随附加应力变化曲线图   图 5-14 侧壁摩擦力随附加应力变化曲线图

通过对表 5-3 中采集的结果参数进行拟合,得到锥尖阻力与附加应力的拟合公式:

$$y = 0.19x + 17.4$$

$$R^2 = 0.957\ 6$$

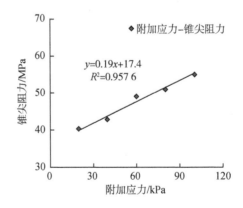

图 5-15 锥尖阻力随附加应力变化拟合曲线与公式

图 5-15 说明锥尖阻力与附加应力呈线性关系,趋势线拟合程度 R^2 为 0.957 6,说明拟合度良好。

通过对表 5-3 中采集的结果参数进行拟合,得到侧壁摩擦力与附加应力的拟合公式:

$$y = 0.06x + 0.279$$

$$R^2 = 0.977\ 2$$

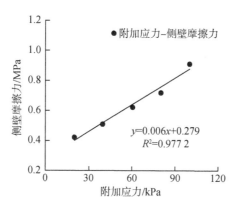

图 5-16　侧壁摩擦力随附加应力变化拟合曲线与公式

图 5-16 说明侧壁摩擦力与附加应力呈线性关系,趋势线拟合程度 R^2 为 0.977 2,说明拟合度良好。

5.3.3　加载卸荷

在上一节中,我们仅对试样的竖向加载进行了模拟。模拟结果表明,竖向附加应力变化会对 CPT 的锥尖阻力与侧壁摩擦力产生影响。本节中,我们深入研究土体单元的单轴应力变化情况。模拟不仅涉及了土单元轴向应力增加的影响,还进一步讨论了试样轴向卸荷对 CPT 实测参数的影响。

首先制备初始状态的 300 kPa 围压下固结的土单元试样。随后逐步增加或减少单元土体的竖向应力的强度,每级加载为 50 kPa,同时保持土体单元的水平向应力不变。当轴压在 300 kPa 时,试样处于各向应力相等的状态。对试样进行加载,试样的轴向压强以每级 50 kPa 的梯度从 300 kPa 升高至 400 kPa;对试样进行卸载,则试样的轴向压强以每级 50 kPa 的梯度从 300 kPa 降低至 200 kPa,以此来检验轴向应力变化对 CPT 锥尖阻力影响的变化规律。从图 5-17 中可以看到,无论土体单元是处于加载还是卸载状态,保持围压不变,随着轴向应力的增加,锥尖阻力从 60 MPa 升高至 72 MPa。加载参数见表 5-4。

表 5-4　土体单元试样附加应力加载

水平压强(kPa)	竖向压强(kPa)	锥尖阻力(MPa)
300	200	60
300	250	63

水平压强(kPa)	竖向压强(kPa)	锥尖阻力(MPa)
300	300	68
300	350	70
300	400	72

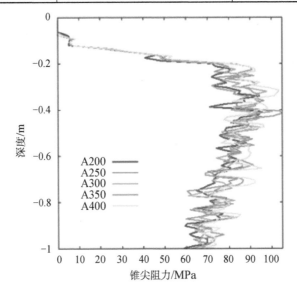

图 5-17 轴向应力变化对锥尖阻力变化曲线图

通过对表 5-4 中采集的结果参数进行拟合,得到 CPT 锥尖阻力与试样的轴向应力的拟合公式:

$$y = 0.062x + 48$$

$$R^2 = 0.968\ 8$$

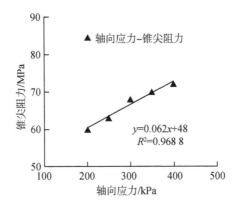

图 5-18 锥尖阻力随轴向应力拟合曲线与公式

图 5-18 说明锥尖阻力与试样轴向压强呈线性关系,趋势线拟合程度 R^2 为 0.968 8,说明拟合度良好。

微观土体单元应力加载和卸载分别表征了土体在堆载工况下附加应力增加以及开挖工况下土体轴向应力降低的宏观应力状态。因此可以得出结论,试样锥尖阻力与侧壁摩擦力不仅与土体三向应力状态有关,同时也受到单轴应力的影响。

5.3.4　k_0 的影响

地基中除了有竖向的自重应力 σ_z 外,还作用着水平向的侧向自重应力 σ_x。水平向与竖直向应力的比值称为土的静止侧压力系数 k_0,可按以下公式进行计算:

$$k_0 = \frac{\sigma_x}{\sigma_z}$$

在数值模拟过程中,通过六面体边界条件伺服控制方法,我们制备了不同 k_0 的数值试样,相关参数见表 5-5。

表 5-5　土体单元试样 k_0 及三向应力加载分布

k_0	σ_x (kPa)	σ_y (kPa)	σ_z (kPa)	p_s (MPa)
0.6	120	120	200	55
0.7	140	140	200	58
0.8	160	160	200	60
0.9	180	180	200	62
1.0	200	200	200	65
1.2	240	240	200	73

由此可见,CPT 锥尖阻力受到土体 k_0 参数的影响较为明显。图 5-19 展示了当 k_0 由 0.6 上升至 1.2 时,锥尖阻力由约 50 MPa 上升至 63 MPa。锥尖阻力与试样 k_0 的关系式为:

$$y = 28.857x + 37.157$$

$$R^2 = 0.977 2$$

图 5-20 拟和趋势线说明锥尖阻力与试样土体 k_0 参数呈线性关系,趋势线拟合程度 R^2 为 0.917 4,说明拟合度良好。

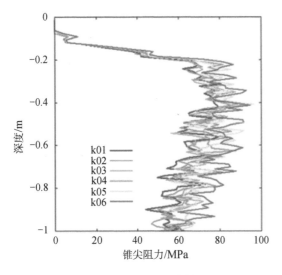

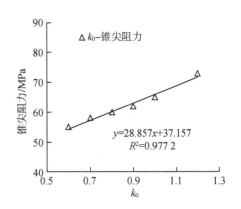

图 5-19　锥尖阻力随k_0变化曲线图　　　图 5-20　锥尖阻力随k_0变化拟合曲线与公式

5.3.5　超固结比 OCR 的影响

根据土体的应力历史,通过比较土体受到的先期固结应力与当前固结应力,可以将土层分为正常固结土、超固结土和欠固结土三类。三类土的区分由超固结比进行界定。超固结比的计算公式为:

$$OCR = \frac{P_1}{P_c}$$

式中,P_c 为先期固结应力,P_1 为当前固结应力。

由超固结比的定义可知,制备不同超固结比的试样需要将试样在不同围压下进行固结。因此制备模型试样,采用边界伺服控制,将试样制备成不同均质压强下的各向同性试样,围压强度从 200 kPa 上升至 1 000 kPa。等土体单元试样应力状态稳定后,不同各向同性围压即可认为是作用在试样上的先期固结应力。随后,设定 100 kPa 为试样的当前固结应力。将不同先期固结应力状态下的试样重新固结至 100 kPa,完成超固结试样的制备。通过对模型试样的固结,我们分别制备了不同超固结比 OCR 的试样。表 5-6 展示了制备不同超固结比 OCR 试样的相关参数。

随后,在制备好的不同超固比 OCR 的试样上进行 CPT 锥头贯入。图 5-21 中展示了不同超固结比试样的贯入结果。我们可以看到随着超固比从 2.0 升高至 10.0,锥尖阻力相应增加,从 60 MPa 增加到约 120 MPa。因此,随着试样超固结比的升高,CPT 锥尖阻力也相应升高。

表 5-6　土体单元试样 *OCR* 及固结应力情况

OCR	先期固结压力 P_c(kPa)	当前覆盖重力 P_1(kPa)	P_s(MPa)
2.0	200	100	61
4.0	400	100	76
6.0	600	100	81
8.0	800	100	84
10.0	1 000	100	120

根据模拟测得的结果,获得 CPT 锥尖阻力与土体单元 *OCR* 的拟合公式:

$$y = 6.8x + 45.6$$

$$R^2 = 0.939\ 3$$

图 5-22 拟合趋势线说明 CPT 锥尖阻力与土体单元的超固结比 *OCR* 呈线性关系,趋势线拟合程度 R^2 为 0.939 3,说明曲线的拟合度较好。

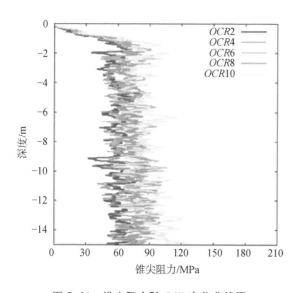

图 5-21　锥尖阻力随 *OCR* 变化曲线图

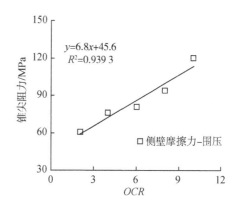

图 5-22　锥尖阻力随 *OCR* 变化拟合曲线与公式

5.3.6　孔隙率

土体孔隙率对试样的抗剪强度有着重要的影响。大型标定罐试验表明:锥尖阻力强度由砂土密度、原位竖向和水平有效应力以及砂土压缩性决定。Baligh[16]等根据 Ticino 砂土标定罐试验,建议采用以下公式来预测密实度指数 I_D:

$$I_D = \frac{1}{C_2} \ln \frac{q_c}{C_0 (\sigma')^{C_1}}$$

式中，C_0，C_1，C_2 为土常数，σ' 是有效应力（可采用平均应力 σ'_{mean} 或竖向应力 σ'_w 表示），q_c 为锥尖阻力。对正常固结砂土，$C_0 = 157$，$C_1 = 0.55$，$C_2 = 2.41$。

对于无黏性土，试样的密实度作为一个重要的土参数对土的力学性质产生重要的影响。密实度指数 I_D 通常由以下公式计算：

$$I_D = \frac{e_{\max} - e}{e_{\max} - e_{\min}}$$

在本小节中，我们将对不同孔隙率的数值试样进行讨论，研究试样初始孔隙率对 CPT 锥尖阻力的影响。

图 5-23 展示了锥尖阻力随孔隙率变化的曲线图。当孔隙率为 0.1 时，试样密实，颗粒排列状态较其他孔隙率更紧密。在试样孔隙率为 0.1 的状态下测得 CPT 的平均锥尖阻力约 84 MPa，随着孔隙率的升高，土颗粒排列逐渐松散，试样中孔隙逐渐变大，因此 CPT 贯入时受到的阻力也相应减弱。当试样的孔隙率增加到 0.5 时，平均锥尖阻力减小至 16 MPa。

图 5-24 展示了侧壁摩擦力随孔隙率变化的曲线图。与锥尖阻力变化规律相同，当孔隙率为 0.1 时，侧壁摩擦力约为 1.5 MPa，曲线波动幅度在 0.5 MPa 至 3 MPa 之间；随着孔隙率的升高，套筒的侧壁摩擦力逐渐减弱，当土体单元的孔隙率升高至 0.5 时，套筒的侧壁摩擦力降低至 0.2 MPa。因此，孔隙率是影响 CPT 贯入实测参数的重要影响因素之一，随着试样的孔隙率升高，CPT 锥尖阻力与侧壁摩擦力减小；相反，随着孔隙率的降低，CPT 锥尖阻力与侧壁摩擦力随之升高。表 5-7 展示了制备不同孔隙率试样的相关参数。

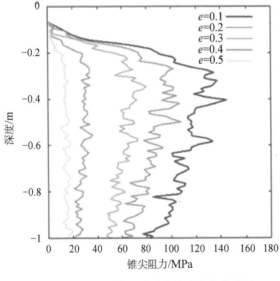

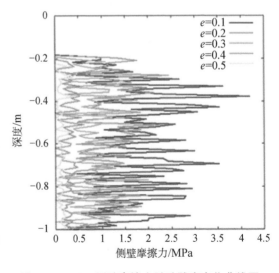

图 5-23　CPT 锥尖阻力随孔隙率变化曲线图　　　图 5-24　CPT 侧壁摩擦力随孔隙率变化曲线图

表 5-7 土体单元试样孔隙率及应力加载

初始孔隙率	围压	锥尖阻力
0.1	100 kPa	84 MPa
0.2	100 kPa	64 MPa
0.3	100 kPa	50 MPa
0.4	100 kPa	20 MPa
0.5	100 kPa	16 MPa

根据模拟测得的结果,CPT 锥尖阻力与试样初始孔隙率的拟合公式如下:

$$y = -180x + 100.8$$

$$R^2 = 0.965\ 2$$

图 5-25 拟合趋势线说明 CPT 锥尖阻力与试样的初始孔隙率呈线性关系,趋势线拟合程度 R^2 为 0.965 2,说明曲线的拟合度良好。

同时,根据模拟测得的结果,我们也获得了 CPT 侧壁摩擦力与试样初始孔隙率的拟合公式:

$$y = -1.016\ln x - 0.567$$

$$R^2 = 0.981\ 5$$

图 5-26 拟合趋势线说明 CPT 侧壁摩擦力与试样的初始孔隙率呈自然对数关系,趋势线拟合程度 R^2 为 0.981 5,说明曲线的拟合度良好。

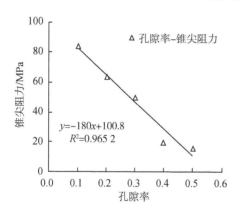

图 5-25 CPT 锥尖阻力与孔隙率的关系

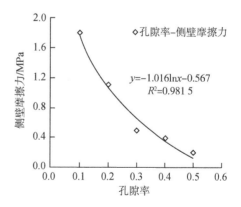

图 5-26 CPT 侧壁摩擦力与孔隙率的关系

5.3.7 颗粒间摩擦系数

颗粒间摩擦系数是颗粒介质强度的重要影响因素之一。通常,颗粒间摩擦系数越大,颗粒间的相对运动就越难。颗粒间摩擦系数的取值范围在 0 至 1 之间。在 CPT 贯入测试的模拟过程中,我们也对颗粒间摩擦系数对 CPT 贯入参数的影响进行了研究,分别选取的摩擦系数为 0.2、0.5、0.8,其他参数取值见表 5-8。

表 5-8　土体单元试样颗粒间摩擦系数相关参数

初始孔隙率	围压(kPa)	摩擦系数	锥尖阻力(MPa)
0.2	100	0.2	20
0.2	100	0.5	29
0.2	100	0.8	38

从图 5-27 中可以看出,当颗粒间摩擦系数设定为 0.2 时,CPT 锥尖阻力约为 20 MPa,当摩擦系数升高至 0.5 时,锥尖阻力上升至 29 MPa,当摩擦系数再次上升至 0.8 时,锥尖阻力上升至 38 MPa。由此可见,随着颗粒间摩擦系数的升高,CPT 贯入过程中的锥尖阻力随之上升。

通过对表 5-8 中采集的结果参数进行拟合,得到 CPT 锥尖阻力与颗粒间摩擦系数的拟合公式:

$$y = 20x + 17.333$$
$$R^2 = 0.990\ 8$$

图 5-28 曲线说明锥尖阻力与颗粒间摩擦系数呈线性关系,趋势线拟合程度 R^2 为 0.990 8,说明拟合度良好。

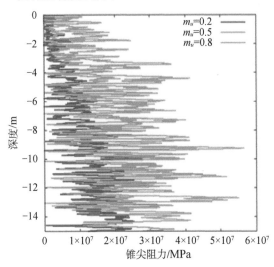

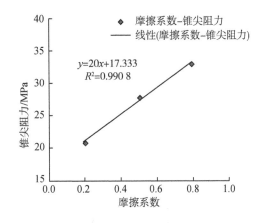

图 5-27　锥尖阻力随颗粒摩擦系数变化曲线图　　图 5-28　CPT 锥尖阻力与颗粒间摩擦系数的关系

5.3.8　颗粒刚度

颗粒刚度是表征土颗粒软硬度的参数。模拟中采用三种不同取值的颗粒刚度进行模拟,参数取值分别为10^7 N/m²、10^8 N/m² 与 10^9 N/m²。试样的初始孔隙率为 0.2,各向同性围压控制在 100 kPa,见表 5-9。

表 5-9　颗粒刚度影响相关模拟参数

初始孔隙率	围压(kPa)	颗粒刚度	锥尖阻力(MPa)
0.2	100	1e7	10
0.2	100	1e8	15
0.2	100	1e9	25

对三种不同颗粒刚度的数值试样进行 CPT 贯入模拟,如图 5-29 所示。当颗粒刚度为10^7时,土颗粒较柔软,CPT 贯入时平均锥尖阻力约 10 MPa。当颗粒刚度为10^8时,土颗粒变硬,锥尖阻力随之上升,模拟测得的平均锥尖阻力值约在 15 MPa 左右,另外,锥尖阻力曲线的波动也随之变大。当颗粒刚度为10^9时,土颗粒更坚硬,测得的平均锥尖阻力约在 25 MPa 左右,同时曲线波动的幅度在 10 MPa 至 70 MPa。图 5-30 展示了侧壁摩擦力受颗粒刚度影响的曲线图。与锥尖阻力结论一致,当颗粒刚度较低时,侧壁摩擦力较低,曲线波动较小。

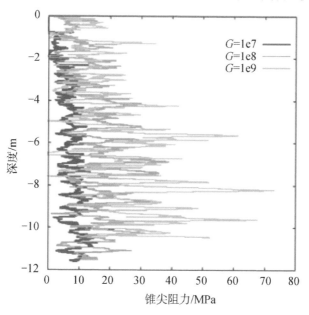

图 5-29　锥尖阻力随颗粒刚度变化曲线图

随着颗粒刚度的上升,侧壁摩擦力随之升高,曲线波动幅度明显增大。当颗粒刚度为10^7时,平均侧壁摩擦力为 1 MPa。当颗粒刚度为10^8时,平均侧壁摩擦力为 2 MPa,波动幅度在 2 MPa 至 5 MPa。当颗粒刚度上升至10^9时,平均侧壁摩擦力为 3 MPa,波动幅度在 2 MPa 至 8 MPa。另外,侧壁摩擦力值约为锥尖阻力的十分之一,远小于锥尖阻力。

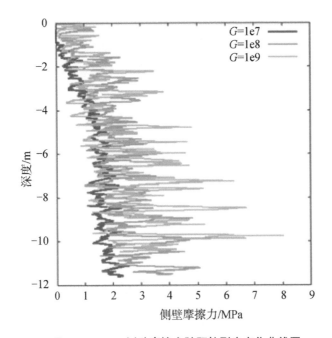

图 5-30 CPT 侧壁摩擦力随颗粒刚度变化曲线图

通过对表 5-9 中采集的结果参数进行拟合,得到 CPT 锥尖阻力与颗粒刚度的拟合公式:

$$y = 4.777\ 2\ln x - 67.667$$

$$R^2 = 0.989\ 1$$

图 5-31 曲线说明 CPT 锥尖阻力与颗粒刚度呈对数关系,趋势线拟合程度 R^2 为 0.989 1,说明拟合度良好。

另外,CPT 侧壁摩擦力与颗粒刚度的拟合公式为:

$$y = 0.608\ln x - 7.666\ 7$$

$$R^2 = 0.973\ 5$$

图 5-32 曲线说明侧壁摩擦力与颗粒刚度呈对数关系,趋势线拟合程度 R^2 为 0.973 5,说明拟合度良好。

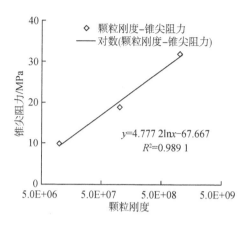

图 5-31　CPT 锥尖阻力与颗粒刚度的关系

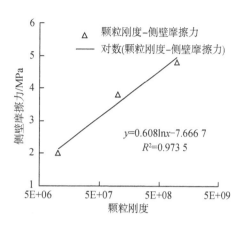

图 5-32　CPT 侧壁摩擦力与颗粒刚度的关系

5.3.9　速度场云图

图 5-33 展示了 CPT 锥头贯入土体过程中土颗粒速度场云图。模拟结果表明,探头锥面周围土颗粒的速度场明显增大,锥头附近的颗粒平均移动速度略低于 10 mm/s,接近于 CPT 锥头的贯入速度。CPT 锥头在贯入过程中影响到的颗粒范围约是三至四层颗粒直径的区域。

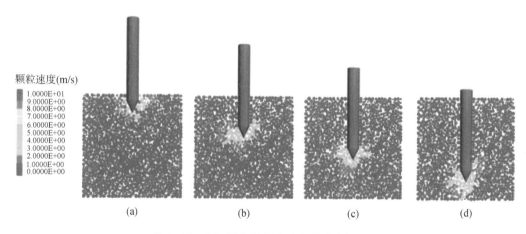

图 5-33　CPT 贯入过程中土颗粒速度场云图

图 5-34 展示了 CPT 在贯入过程中的力链分布俯视图。剖面位于单元土体 0.05 m 深度。从初始时刻至 0.05 s 过程中,CPT 锥头还没有贯入单元土体的指定剖面,可以看到颗粒力链分布较为均衡。从 $t=0.10$ s 开始,锥头抵达指定剖面,可以从 $t=0.15$ s 及 $t=0.20$ s 的剖面图看到,贯入的孔洞逐渐变大。同时,强度较高的力链逐渐开始向贯入孔附近聚集,

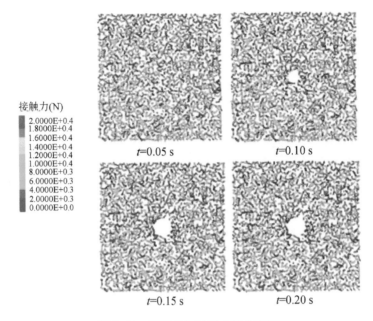

接触力(N)

2.0000E+0.4
1.8000E+0.4
1.6000E+0.4
1.4000E+0.4
1.2000E+0.4
1.0000E+0.4
8.0000E+0.3
6.0000E+0.3
4.0000E+0.3
2.0000E+0.3
0.0000E+0.0

t=0.05 s　　　　　　t=0.10 s

t=0.15 s　　　　　　t=0.20 s

图 5-34　CPT 贯入过程力链分布图

力链的强度可以达到 20 kN。

5.4　本章小结

　　本章节对不同应力状态下的土体单元进行了离散元数值模拟分析,旨在研究土体应力状态对 CPT 贯入参数的影响。

　　土体的应力状态包括:各向同性围压,试样的加载与卸载,土单元试样的 k_0 值与不同超固结比 OCR。模拟结果表明,土体的应力状态对 CPT 贯入参数有明显的影响。CPT 锥尖阻力贯入参数对应力压强的敏感度高。土体三向应力或是单轴应力的升高,都会相应增加 CPT 锥尖阻力与侧壁摩擦力。另外,我们讨论了试样孔隙率、颗粒刚度及其摩擦系数对 CPT 模拟参数的影响。模拟结果表明,随着孔隙率的减小,CPT 锥尖阻力与侧壁摩擦力相应提高。颗粒刚度表征土体的软硬程度,土体硬度降低,CPT 实测参数随之减弱。CPT 贯入过程中颗粒速度场、位移场及力链分布图表明土颗粒最大速度、最大位移,以及力链强度的最大分布区域都集中在 CPT 锥尖位置,区域范围在三至四层颗粒的直径大小。随着颗粒与锥尖距离的增大,颗粒最大速度场、最大位移场以及力链强度明显降低。

第六章　温度对 CPT 贯入参数的影响

6.1　背景

　　土体温度变化会导致土体力学性质的改变。土的热力传导是土的重要力学性质之一。土体温度受到多种因素影响,其中自然环境因素包括日照、四季变化、海拔、地热能源丰富区域等,另外,人类的社会工业活动也会导致土体温度的变化,例如能源桩、热能排放等。在某些地区,地表温度昼夜温差可以达到 60~70℃。在这样的环境下,土体的宏观力学行为受到土体温度的影响,包括土体受热膨胀、土体内水分蒸发、土体强度,以及其他物理力学行为。因此,土体的热力行为是深入理解土体力学特性的重要环节之一,开展土体温度对土体强度影响规律的研究对于工程建设项目的实施有着重要的意义。为了研究土体热传导效应,Goldstein 等[70]提供了可以用于研究土壤温度变化的试验方法,包括热探针法、热带法等。这些方法的共通原理是将金属物体插入土壤中,通过对金属物件的加热,计算金属与土壤之间的温度差,从而通过已知的金属热力学参数测量土壤的导热系数。Winterkorn 等[71]研究了温度效应对土的工程特性的影响。他们的研究结果表明,除高岭土外,土的塑性指数和土无侧限抗压强度都随着温度的增加而提高。

　　温度对土体热物性参数有明显的影响。研究表明土层类型(砂土、粉质黏土、淤泥质土)、含水率(0、12.5%、25%、50%、100%)对土体的热导率有很大影响,粗砂层和细砂层的热导率比黏土层分别高出 62% 和 27%。因此分析研究土的热力耦合作用机理,可以更可靠地评价土层的热物性指标及其变化规律。岩土热物性测试方法主要有室内试验法和现场原位测试方法。室内试验具有快捷方便、测试成本低等优点,但其测试精度有限。原位测试方法包括热探针法和岩土热响应测试法。Chauchois 等[72]利用热探针原位测试技术,并结合传热理论分析,提出了基于含水量变化的土层热物性参数原位测试方法;Yu 等[73]针对地热能开发过程中土层热物性测试参数精度不足的现状,在现有热探针原位测试技术的基础上,集成开发了新型土层热物性参数热探针原位技术,该技术不仅可以测试土层的热物性参数,还可以同时测得土的含水量和密度。尽管岩土热响应试验可以准确反映施工现场的地质条件,但仍无法获得各层土的热物性参数,无法从传热机理层面解释温度对土热物性参数的影响规律。除此之外,目前温度对土热物性参数影响数值模拟的相关课题研究进展仍较为缓慢,而数值模拟技术不光可以让我们从理论上对相关问题进行研究,还具有省时省力、性价比高、事半功倍的效果。

6.2　颗粒介质热传导原理

离散元法可被用于模拟物理试验模型的热力耦合现象。Chen 等[74] 首先提出了深海能源土的温度-水压-力学微观胶结模型，用以描述能源土粒间的水合物胶结接触力学特性，并探讨了温度与水压对深海能源土宏观力学特性的影响规律和微观作用机理。Nguyen 等[18] 运用离散元法研究了颗粒介质从沙漏中掉落时的热传递问题，其模型详细描述了摩擦力与热传导之间的关系，以及其应力分布状态的情况。宋世雄等采用离散元法通过建立颗粒体系非平衡态热力学理论，完善了颗粒温度表达式，用以描述颗粒体系准静态变形、变形局部化和破坏的力学行为。周强[75]运用离散元法引入接触面热阻模型，在计算中考虑了接触面性质对颗粒集合温度分布和热能传导的影响，研究结果表明颗粒表面性质是影响颗粒热传导能力的重要参数，良好的接触面属性有助于提高颗粒集合体的整体传热性能。相关研究结果表明，离散元法也是处理解决热力耦合问题的一种行之有效的手段。因此，离散元法逐渐成为研究颗粒材料热传递的有效模拟工具。然而，目前所取得的成果中，研究土壤温度效应对 CPT 实测参数影响的问题还属空白。迄今为止，对 CPT 的数值模拟主要是用来研究土壤的力学行为，而对热性能的研究却很少。因此，从温度的影响出发，研究 CPT 实测参数结果是一项很有意义的课题。

颗粒热传导数值模型将整个颗粒系统想象成一个大的蓄热池网络。系统中的每个颗粒代表一个蓄热池，并且一根虚拟的传热管道连接着两个蓄热池颗粒的中心，热能可以通过虚拟蓄热管道在两个蓄热池中转移。单个蓄热池的热传递公式如下：

$$-\sum_{p=1}^{N_p} Q_p + Q_v = m C_v \frac{\partial T}{\partial t}$$

式中，Q_p 代表蓄热池中流出到传热管中的热能，因此 $-\sum_{p=1}^{N_p} Q_p$ 代表所有 N_p 个传热管道中热能的总和。Q_v 代表热源强度，m 是热质量，C_v 是单位质量的比热容。如果我们假设每个传热管道每单位长度的热阻为 η，则传热管中的热能 Q_p 的计算公式为：

$$Q_p = -\frac{\Delta T}{\eta \, l_p}$$

式中，ΔT 代表单位长度的传热管道两头的温度差，l_p 代表传热管的长度。传热管道单位长度的热阻 η 的计算公式如下：

$$\eta = \frac{1}{2k}\left[\frac{1-n}{\sum\limits_{N_b} V_b}\right]\sum\limits_{N_p} l_p$$

式中，n 是颗粒间的孔隙率，k 代表宏观热传导率，V_b 代表颗粒的体积，N_b 代表测量圆内的颗粒数量，N_p 代表传热管道的总数。边界作为恒定的热源给颗粒系统供热，边界不随温度的变化而产生变形。边界产生的热量从较近的颗粒向远处的颗粒传输。当颗粒温度升高时，颗粒体积随之膨胀。颗粒尺寸的增长符合以下公式：

$$\Delta R = \alpha R \Delta T$$

式中，ΔT 是颗粒的温度增量，α 代表颗粒的热膨胀系数，R 以及 ΔR 代表颗粒的初始半径以及颗粒的半径变化增量。同时，由于颗粒的膨胀产生系统的热应力应变，在热传递模拟过程中，我们假设只有接触力的法向分量才因温度变化产生热膨胀效应。因此，法向力的增量 $\Delta \vec{F}_n$ 由于温度波动而发生变化，计算公式如下：

$$\Delta \vec{F}_n = - k_n A \alpha \, \vec{l}_p \Delta T$$

式中，k_n 是平行键的法向刚度，A 是连接键的横截面积，α 是颗粒的热膨胀系数，$\vec{l}_p$ 是虚拟管道的长度，ΔT 是温度波动变化量。

6.3　数值试样制备

在模拟过程中，边界由四堵刚性墙组成，尺寸为长×宽(5 m×2.5 m)。颗粒的尺寸分布曲线见图 6-1。颗粒 d_{50} 为 1.51 cm。在边界内生成 15 322 个颗粒，试样的初始孔隙率为 0.15。在系统平衡以后，通过低速控制边界使试样在 100 kPa 的围压下进行固结。颗粒间的摩擦系数以及颗粒与边界之间的摩擦系数在固结过程中设为零，以增加试样的密实度。在之后的 CPT 贯入过程中，这两种摩擦系数将被重新设定为参数取值，见表 6-1。

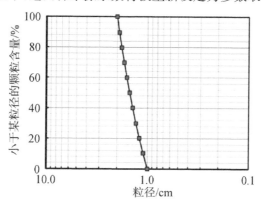

图 6-1　颗分曲线

表 6-1 模型力学参数取值

参数	取值	单位
颗粒半径	1～2	cm
颗粒密度	2 600	kg/m³
局部阻尼系数, c	0.7	—
恢复系数, COR	0.8	—
颗粒间摩擦系数	0.5	—
颗粒-墙体摩擦系数	0.5	—
颗粒法向刚度	7.5×10^7	N/m
颗粒切向刚度	5×10^7	N/m
拉伸强度	5×10^7	N/m
黏聚力	5×10^7	N/m
墙体法向刚度	1.5×10^{10}	N/m
墙体切向刚度	1×10^{10}	N/m
平行键距离, g_s	10^{-4}	m
颗粒数量	15 322	—
机械时间步长	1.5×10^{-5}	s

热力学模拟参数见表 6-2。比热容是一项重要的颗粒热力学参数,它定义了物质每单位质量升高一摄氏度所需的热量。本次模拟中,颗粒的比热容被设为干土的比热容 840 J/(kg·℃)。颗粒间的热传导系数与热传递速度息息相关。颗粒的热传导系数被设为 1.5 W/(m·℃)。颗粒的热膨胀系数被设为 1×10^{-6}、5×10^{-6}、10×10^{-6} 进行参数敏感性分析。

表 6-2 模型热力学参数取值

参数	取值	单位
颗粒初始温度	0	℃
颗粒最终温度	10,20,30	℃
比热容	840	J/(kg·℃)
热传导系数	1.5	W/(m·℃)
颗粒热膨胀系数	1×10^{-4},5×10^{-4},10×10^{-4}	—
热传递时间步长	50	s

热膨胀率是指原状土在一定的压力和侧限条件下受热膨胀稳定后的高度增加量与原高

度之比,用百分率表示。其值越大,说明土的膨胀性越强。室内试验采用环刀取土测定,表达式为:

$$\delta = \frac{h_{\text{w}} - h_0}{h_0}$$

式中,h_0 为试样的原高度,h_{w} 为受热后膨胀稳定后的高度。

土的膨胀率与土的天然密实程度以及土的结构有关。膨胀率越大,土的膨胀性越强。

颗粒的热膨胀机制是通过热传递与颗粒膨胀轮流进行耦合模拟实现的,也就是说试样先被加热,温度升高后,颗粒膨胀,颗粒膨胀过程结束后开始下一轮的加热过程。数值试样的加热过程很长,将近 $2×10^6$ s,考虑到加热过程中的时间步长不能设为机械时间步长的 1.5E-5,而被设为 50 s。同时,颗粒的膨胀过程并不需要持续 50 s,只需要在系统达到平衡后暂停,然后颗粒系统等待下一轮的热传递过程。在整个热传递过程中,颗粒的初始温度被设为 0℃。四堵刚性墙为加热源。图 6-2 展示了颗粒在加热过程中的温度变化规律,可以看到热能从加热墙向邻近的颗粒传递,随后扩散。试样的温度从外围向内部逐渐提高,直到整体试样加热到目标温度,见图 6-3。

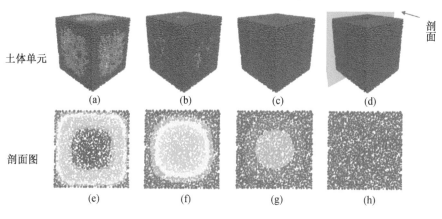

图 6-2 三维试样加热及其剖面图

图 6-4 展示了试样加热过程中颗粒速度场的变化规律。在 $t=2×10^5$ s 时,试样颗粒的速度场并不均匀,试样中存在大量的缝隙可以让颗粒移动。红色区域的颗粒速度可以达到 0.2 m/s。随着温度的提高,颗粒开始热膨胀,同时边界四周的膨胀颗粒将内侧颗粒向试样中心位置推动。在下一个阶段,红色区域逐渐缓慢地消失,说明颗粒的速度在逐渐降低。在 $t=2×10^6$ s 时刻,绿色与蓝色逐渐覆盖了整个区域,颗粒的速度大约在 0 m/s 至 0.2 m/s。

图 6-5 展示了试样加热过程中颗粒位移场的分布规律。在 $t=2×10^5$ s 时,颗粒的位移场杂乱无章,在 $t=4×10^5$ s 时颗粒的位移场与 $t=2×10^5$ s 时颗粒的速度场形状相似,随后的每个阶段,颗粒的位移场都形似于前一时段颗粒速度场,说明颗粒的位移场变化落后于颗

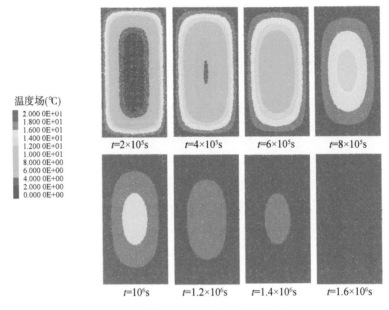

温度场(℃)

2.000 0E+01
1.800 0E+01
1.600 0E+01
1.400 0E+01
1.200 0E+01
1.000 0E+01
8.000 0E+00
6.000 0E+00
4.000 0E+00
2.000 0E+00
0.000 0E+00

$t=2\times10^5$ s $t=4\times10^5$ s $t=6\times10^5$ s $t=8\times10^5$ s

$t=10^6$ s $t=1.2\times10^6$ s $t=1.4\times10^6$ s $t=1.6\times10^6$ s

图 6-3   试样加热过程中温度变化云图

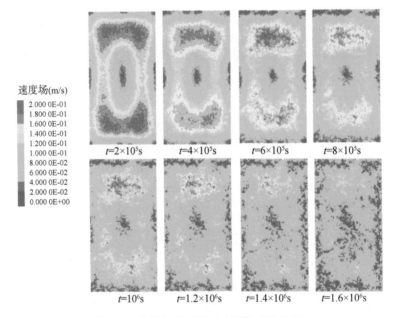

速度场(m/s)

2.000 0E-01
1.800 0E-01
1.600 0E-01
1.400 0E-01
1.200 0E-01
1.000 0E-01
8.000 0E-02
6.000 0E-02
4.000 0E-02
2.000 0E-02
0.000 0E+00

$t=2\times10^5$ s $t=4\times10^5$ s $t=6\times10^5$ s $t=8\times10^5$ s

$t=10^6$ s $t=1.2\times10^6$ s $t=1.4\times10^6$ s $t=1.6\times10^6$ s

图 6-4   试样加热过程中土颗粒速度云图

粒的速度场。在 $t=2\times10^5$ s 时颗粒的速度场导致了 $t=4\times10^5$ s 时刻的颗粒的位移场。另外,沿短边界的颗粒的位移量明显大于长边界颗粒的位移量。由于长边到试样中心的距离大于短边到试样中心的距离,因此,短边颗粒到中心的位移量大于长边颗粒到试样中心的位移量,使得短边的颗粒位移低于长边颗粒。

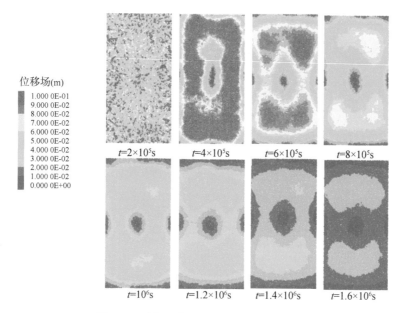

图 6-5 试样加热过程中土颗粒位移云图

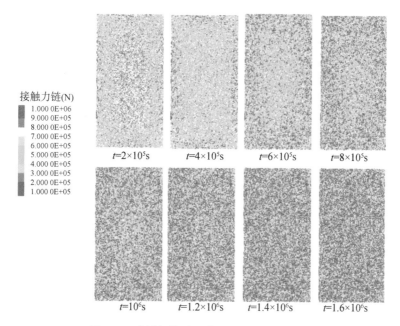

图 6-6 试样加热过程中土颗粒力链分布图

图 6-6 展示了试样加热过程中力链的变化规律。在 $t=2\times10^5$ s 时刻,试样几乎被蓝色的力链区域覆盖,说明此刻试样内力链的量级为 10^5 N。另外,边界周围的颗粒间力链明显大于试样中心区域。随着温度的提高,力链的量级也在随之提升。在 $t=2\times10^6$ s 时刻,试样内部所有区域的颗粒间力链量级都几乎达到了最大值,直至持续到加热结束。

6.4 CPT 数值模拟

CPT 数值模拟圆锥形锥头时采用 60°的锥尖角。锥头的直径为 20 cm。摩擦套筒和光滑套筒的高度分别为 30 cm 和 300 cm。颗粒与锥头以及摩擦套筒之间的摩擦系数设为 0.5。同时,颗粒与光滑套筒尖的摩擦系数保持为零。贯入速度满足惯性数 I 的要求,惯性数 I 被用于表征颗粒系统中的动态影响,见下面公式:

$$I = \dot{\gamma} d_{50} \sqrt{\rho/P}$$

式中,$\dot{\gamma}$ 代表剪切速率,d_{50} 代表颗粒平均尺寸,ρ 代表颗粒密度,P 代表围压。为了使系统保持超静定状态,惯性数 I 必须小于 1.0。CPT 的贯入速度保持在10 mm/s。另外,在 CPT 贯入过程中,没有对试样进行伺服控制。

锥尖阻力 q_c 在二维模拟中通过颗粒与锥头作用的合力除以锥尖直径计算求得,因此锥尖阻力 q_c 的计算公式为:

$$q_c = \frac{F_{c,\text{left}} + F_{c,\text{right}}}{d_c}$$

式中,$F_{c,\text{left}}$ 和 $F_{c,\text{right}}$ 分别是作用在锥尖左侧与右侧的作用力,d_c 是锥尖的直径。

侧壁摩擦力 f_s 的计算公式为:

$$f_s = \frac{F_{s,\text{left}} + F_{s,\text{right}}}{2h}$$

式中,$F_{s,\text{left}}$ 和 $F_{s,\text{right}}$ 分别是作用在摩擦套筒左侧与右侧的摩擦力,h 代表了摩擦套筒的高度 30 cm。

6.4.1 土颗粒温度的影响

图 6-7 与图 6-8 表示了不同温度条件下,锥尖阻力与侧壁摩阻力的变化规律。CPT 模拟贯入的深度为 5 m。最初试样的 d_{50} 在 0℃时为1.51 cm。当温度升到 30℃时,颗粒的半径尺寸为 1.74 cm。同时,随着温度的升高,试样的孔隙率从 0.15 降到 0.09,锥尖阻力从 32.3 MPa 升高到 124.3 MPa,大约增长了 4 倍。另外,侧壁摩擦力也从 1.9 MPa 上升到 4.8 MPa,大约上升了 2.5 倍。这些发现表明,随着温度的升高,CPT 的锥尖阻力和套筒摩擦力随着温度的升高而增加,但是套筒摩擦的增加幅度却比锥尖阻力要小很多。Butlanska 等[40-42] 得出了 CPT 锥体附近的颗粒受到 CPT 锥体贯入的影响并呈现大位移的结论。这些颗粒在锥体表层形成了一层"颗粒膜"。颗粒膜的厚度较窄,大约两到三个颗粒直径的宽度。

这层颗粒的运动规律与层外颗粒的运动有较大的区别。防护层颗粒的位移量也远远大于远离锥体的在其他区域的土颗粒。由于"颗粒膜"的存在,土体间的应力减小,强大的力链主要集中于 CPT 锥体上方的间隙,而接触力链在圆锥体顶端附近其他区域以及摩擦套筒周围相对稀疏。

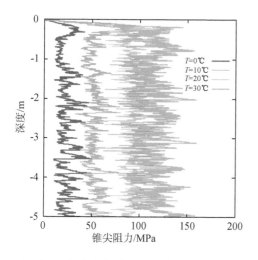

图 6-7 温度变化对 CPT 锥尖阻力的影响

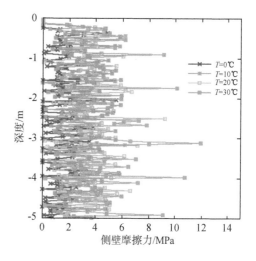

图 6-8 温度变化对 CPT 侧壁摩擦力的影响

图 6-9 与图 6-10 所示的振荡也对数据稳定性产生影响。尽管可以通过公式过滤掉曲线上的波动,但我们同时也注意到随着温度的上升,曲线的波动幅度也随之上升。曲线波动的振幅与 n_p 有关。n_p 是锥头直径 d_c 与平均颗粒尺寸 d_{50} 的比值。当温度从 0℃ 上升到 30℃ 时,n_p 从 13.3 下降到 11.5。

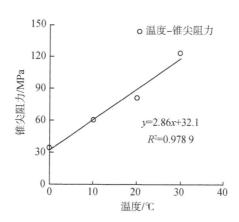

图 6-9 CPT 锥尖阻力与温度的关系

通过对数值模拟采集的结果参数进行拟合,得到锥尖阻力与温度的拟合公式:

$$y = 2.86x + 32.1$$

$$R^2 = 0.978\,9$$

图 6-9 中拟合曲线说明锥尖阻力与温度呈线性关系,趋势线拟合程度 R^2 为 0.978 9,说明拟合度良好。

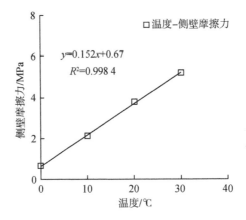

图 6-10 CPT 侧壁摩擦力与温度的关系

通过对数值模拟采集的结果参数进行拟合,得到侧壁摩擦力与温度的拟合公式:

$$y = 0.152x + 0.67$$

$$R^2 = 0.998 4$$

图 6-10 中拟合曲线说明侧壁摩擦力与温度呈线性关系,趋势线拟合程度 R^2 为 0.998 4,说明拟合度良好。

6.4.2 热膨胀系数的影响

针对颗粒的热膨胀系数的影响规律,我们采用三种不同的参数 $\alpha_1 = 1 \times 10^{-6}$,$\alpha_2 = 5 \times 10^{-6}$,$\alpha_3 = 1 \times 10^{-5}$ 对热膨胀系数进行了参数敏感性研究。从图 6-11 与图 6-12 中可以看到,随着参数的提高,锥尖阻力及侧壁摩擦力都随之提高。锥尖阻力大约从 30 MPa 上升到了 110 MPa,大约 4 倍的增幅。侧壁摩擦力也大约从 1 MPa 略微提升至 4 MPa 左右。

通过对数值模拟采集的结果参数进行拟合,得到锥尖阻力与热膨胀系数的拟合公式:

$$y = 83\ 770x + 22.656$$

$$R^2 = 0.993 4$$

图 6-13 中拟合曲线说明锥尖阻力与热膨胀系数呈线性关系,趋势线拟合程度 R^2 为 0.993 4,说明拟合度良好。

通过对数值模拟采集的结果参数进行拟合,得到侧壁摩擦力与热膨胀系数的拟合公式:

$$y = 2\,565.6x + 1.198\,4$$

$$R^2 = 0.996\,3$$

图 6-14 中拟合曲线说明侧壁摩擦力与热膨胀系数呈线性关系,趋势线拟合程度 R^2 为 0.996 3,说明拟合度良好。

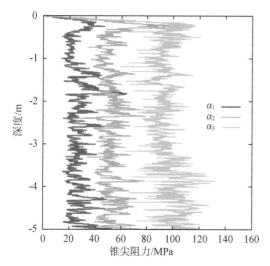

图 6-11　热膨胀系数对锥尖阻力的影响

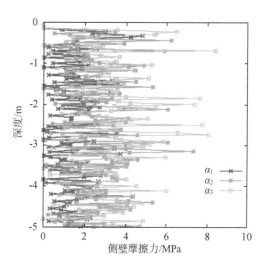

图 6-12　热膨胀系数对侧壁摩擦力的影响

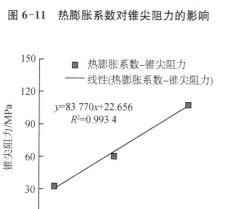

图 6-13　CPT 锥尖阻力与热膨胀系数的关系

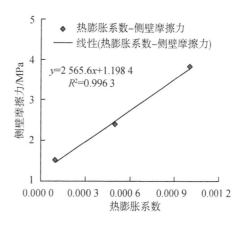

6-14　CPT 侧壁摩擦力与热膨胀系数的关系

6.4.3　比热容

岩土体的比热容分为质量比热容和体积比热容两种。使单位质量岩土体温度升高 1℃ 所需吸收(或放出)的热量为土的质量比热容,其单位为 J/(kg·℃);单位体积的岩土体温度变化 1℃所需吸收(或放出)的热量为土的容积比热容,其单位为 J/(m³·℃)。干土的比热容为 840 J/(kg·℃)。

计算公式为:

$$C_v = \frac{Q}{m \cdot \Delta T}$$

式中,Q 是热量,m 为土单位质量,ΔT 为温差。

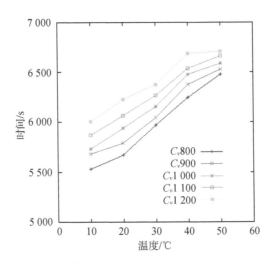

图 6-15　比热容与材料加热时间的关系

图 6-15 展示了试样比热容与材料加热时间的关系。可以看到随着材料比热容的升高,试样的加热时间随之延长。当试样的比热容为 800 J/(kg·℃)时,材料从 0℃加热至 10℃的加热时间为 5 500 s。当比热容升高至 1 200 J/(kg·℃)时,材料的加热时间升高至 6 000 s。对于相同的比热容材料,从曲线中可以看到,材料加热至不同的温度所需要的时间并不相同。加热的最终温度越高,所需要的时间越长。

6.5　土颗粒微观力学行为

离散元模拟可以让我们在微观尺度上研究颗粒接触状态。通过测量颗粒介质的速度场、位移场以及接触力链的演化,可以很好地观测土体的微观力学行为,而这些参数是很难通过物理原位测试获得的。对试样颗粒的微观研究有助于我们更好地理解土颗粒的运动趋势及其变化规律。在这一节中,我们对 CPT 贯入不同温度的土体样品过程中的土颗粒微观力学行为进行了模拟,对土颗粒的速度场、位移场和接触力链演化进行了可视化观测。

6.5.1 颗粒速度场

图 6-16 展示了土试样在 0 ℃ 与 20 ℃时颗粒速度场的分布规律。图 6-16(a)是试样在 0 ℃时的状态,将其作为参照。我们可以很明显看到,颗粒的最大速度场围绕在锥头附近。从图 6-17 可以看出,CPT 贯入在不同深度的速度场时表现出三种失稳机制:浅层贯入失稳机制、中层贯入失稳机制,以及深层贯入失稳机制。在数值模拟中,我们观测到土颗粒的速度场,图 6-16(b)形似图 6-17(a)浅层贯入失稳机制。另外,土颗粒的速度场,图 6-16(a)以及图 6-16(c)～(d) 形似图 6-17(b)中层贯入失稳机制。土颗粒在 0 ℃ 与 20 ℃的速度场在同一数量级。

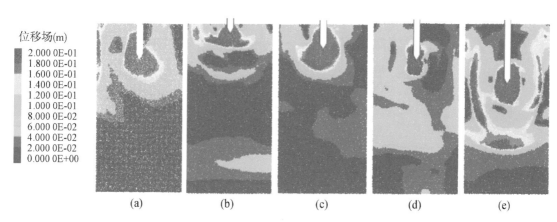

图 6-16 CPT 贯入过程中颗粒速度场云图

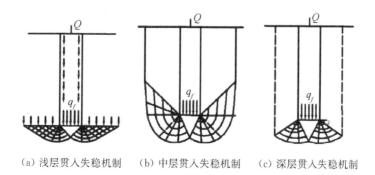

(a) 浅层贯入失稳机制 (b) 中层贯入失稳机制 (c) 深层贯入失稳机制

图 6-17 土体深层贯入的破坏模式

6.5.2 颗粒位移场

图 6-18 展示了土颗粒在 20℃的位移场的演化情况,0℃试样状态为参考系数。土颗粒

的位移场在接近锥尖的位置较大,随着与锥头距离的增大,土颗粒的位移场逐渐衰弱。图 6-19 显示了 CPT 贯入过程中土颗粒的水平位移场和竖直位移场。从图中可以看到,土颗粒的水平位移在圆锥体的两侧轴对称,两侧的土体位移(深蓝色和深红色)与 CPT 宽度几乎一致,CPT 锥体附近的土体位移大于远离锥体的土体位移。土体的垂直位移示意图表明 CPT 锥体的贯入引起的土体以锥尖为顶点呈倒三角形向下移动。在锥尖位置的土竖向位移量明显大于倒三角形中其他区域的土体位移量,这意味着土体颗粒的位移呈三角形状向外辐射。

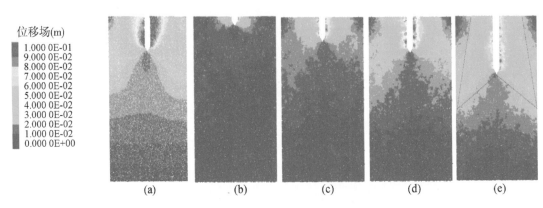

图 6-18　CPT 贯入过程中颗粒位移场云图

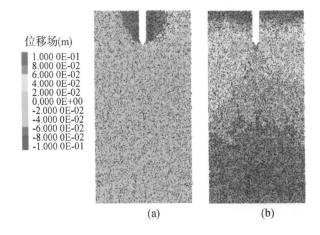

图 6-19　CPT 贯入过程中颗粒水平位移场与竖直位移场云图

6.5.3　颗粒接触力链

接触力链图揭示了整个系统内的颗粒接触力的传递情况。图 6-20 展示了 20℃温度下 CPT 贯入过程中土颗粒的接触力链的演化情况(0℃作为参考值)。在离散介质中,颗粒间的接触力大小及分布呈非均匀性,而且强接触力链主要存在于大尺寸颗粒的接触中。图 6-21 展示了 CPT 在贯入不同温度层时的力链分布情况。在 0℃温度条件下,土颗粒没有受热膨胀,土颗粒间的力链分布则较为复杂,力链平均强度较弱。当温度升高到 20℃时,颗粒受热膨胀,土颗粒间的力链强度随之增大。另外可以观察到,强大的力链集中出现在锥头附近,随着与圆锥贯入的距离逐渐远离而弱化。接触力链强度在 0℃土样中的量级大约为 10^5 N 至 $2×10^5$ N。在 20℃时,接触力链的强度约达到 $9×10^5$ N 至 10^6 N,这意味着低温环境下,土体内的应力较低,高温环境下,土应力随之增加。

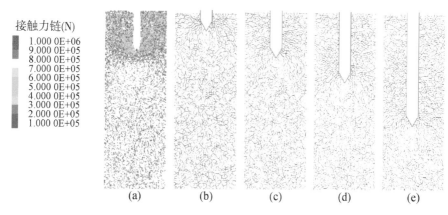

图 6-20　CPT 贯入过程中颗粒力链分布图

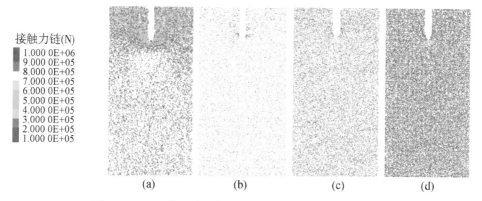

图 6-21　CPT 贯入过程中温度变化对颗粒力链分布的影响

(0℃、10℃、20℃、30℃)

6.6　本章小结

本章节通过采用热力耦合离散元模型,讨论了 CPT 贯入不同温度土体的贯入机理。该热力耦合模型将整个土体系统考虑成一个储热网络,网络内的每个土颗粒都是单个的储热池。热量可以在两个相连的储热池之间转移。运用该模型,首先对试样进行加热,制备不同温度的土体试样;随后将CPT贯入制备好的不同温度的数值试样。通过数值模拟,我们可以得出以下结论:

1. 在试样的加热过程中,热量从热源墙体传出。热能首先传递给靠近墙体的土颗粒,随后传递给远处的颗粒。热能传递进行至试样内外温差消失。试样的温度从外至内逐渐升高。

2. 随着试样温度的升高,土壤表现出膨胀性,土颗粒孔隙率大于初始状态,从而导致了锥尖阻力与套筒摩擦力的增加。但相较而言,锥尖阻力远大于侧壁摩擦力。

3. 土体热膨胀系数是影响土体热膨胀程度的一个重要因素。不同的土体热膨胀系数不同。热膨胀系数越大,土体受热膨胀的程度越高,从而增加了CPT的锥尖阻力与侧壁摩擦力。

4. 通过对CPT贯入土体过程中土颗粒速度场、位移场,以及接触力链的可视化观测,可以很明显地看到最大速度颗粒、最大位移颗粒,以及力链的最强分布区域都集中在CPT锥头位置。在不同温度的土层中,低温下的土颗粒位移明显小于高温下的土颗粒。同时,低温状态下土颗粒间的力链强度明显小于高温状态下的土颗粒。

附　　录

1. DemGCE 程序开发

软件 DemGCE 是一款岩土领域用于研究颗粒介质力学行为的离散元专用软件，采用 C 语言编写，在 Linux 操作系统下运行，见图 1。这套程序首先由法国杜埃国立高等矿业学校环境与土木实验室的 Sebastien Remond 教授开发[76-80]，可被用于模拟三维状态下的颗粒介质的各种力学试验，包括水泥塌落度试验(图 2)、水泥 3D 打印(图 3)等。在此基础上，作者

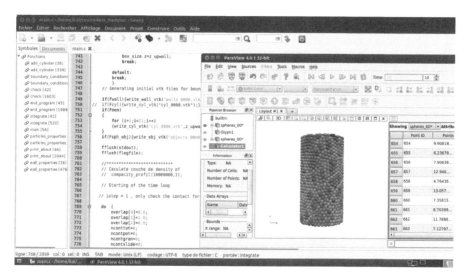

图 1　DemGCE 程序运行操作界面

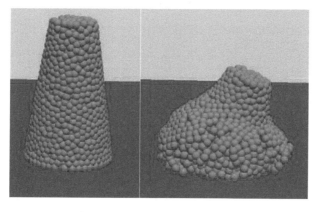

图 2　水泥塌落度离散元数值模拟

在博士期间,开发了用于模拟三轴试验相关的程序。三轴试验程序模块包括以下三个部分:制备数值试样、试样固结、试样剪切。

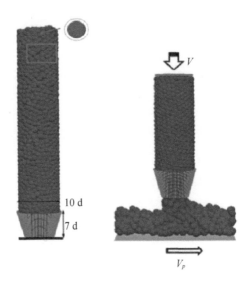

图 3　3D 打印离散元数值模拟

1.1　操作环境安装

为了使软件能在 Linux 操作系统下正常运行,首先安装 VMware Player 或 VMware station 虚拟器,安装步骤详见:

http://jingyan. baidu. com/article/4d58d54129e1cb9dd4e9c09f. html。

随后安装 Ubuntu 操作系统。

Ubuntu 下载地址:

https://www. ubuntu. com/download

运用 Vmware 安装 Ubuntu,安装步骤详见:

http://jingyan. baidu. com/article/14bd256e0ca52ebb6d26129c. html。

1.2　软件安装

将软件拷备至 Ubuntu 桌面文件夹内,默认文件夹名为 SimTri。

进入文件夹\SimTri\sourcedem\src\

运行命令 make,在 bin 文件夹中生成可执行文件 simTri,见图 4。

图 4　可执行文件 simTri 生成操作

1.3　参数设定

进入文件夹\SimTri\sourcedem，拷备文件 params. in 至新生成的数值模拟文件夹中。打开文件 params. in 进行参数设定。

1.3.1　数值模型生成

数值模型参数输入文件，见图 5。

```
#*****************************************************************
#DEM Triaxial Test
#project : Compaction of paking of 200 spheres with cylinder as radial boundary condition
#*****************************************************************

#Remarque PI=M_PI;
#Comment file : # or !


#===============================
# Definition of the sphere packing
#===============================

## Size of problem and unity ##

syssize=[10][10][15]           ! System size : [SYSSIZEX][SYSSIZEY][SYSSIZEZ]
unity=10.0E-03                 ! unité définissant la taille d'un pixel (m)

## Boundary conditions ##
rigidwall(0,0,0,0,1,1)         ! rigidwall(x-,x+,y-,y+,z-,z+) : Add rigid wall vector normal along x , y and z axes with !-or+ equal to 0 or 1
cylinder(diameter=6)           ! cylinder(diameter=20) : Add cylinedr along z cylinder(diameter=20)

## Sphere packing elaboration ##
nseed=-32                      ! graine pour la génération aléatoire de l'empilement (-)(il est conseillé de la choisir négative)

readmicro(init_micro,init_micro_cont);
#PackingGeneration=RSA(npart=200,rpart=0.5)
```

图 5　数值试样生成参数设定

Syssize：数值模拟区域的长宽高等尺寸。

Unity：比例尺设定。

软件提供了两种默认的边界条件：长方体 Rigidwall 与圆柱体 Cylinder。

选择所需的边界条件，在不需要的边界条件前用♯注释。

Rigidwall 后六个参数分别代表 x−，x＋，y−，y＋，z−，z＋六个方向是否生成，0 代表不生成，1 代表生成。

Cylinder 后参数代表圆柱体的底面直径。（注：该参数不生成圆柱的底与高，底与高的平面需要借助 Rigidwall 参数共同生成）

Nseed：生成随机数。

Readmicro：读取参数信息。软件运行后生成 micro_xxxx 与 micro_xxxx_cont 文件。需要读取文件时，将文件名更改为 init_micro 与 init_micro_cont。

PackingGeneration：生成颗粒数，npart 为颗粒数，rpart 为颗粒半径。

PackingGeneration 与 Readmicro 两者选一，另一个命令前♯号勾除。

1.3.2　接触参数设定

接触参数输入文件，见图 6。

```
#================================
# DEFINITION OF THE INTERACTIONS
================================
## MILIEU SOLIDE : PARAMETRES DES GRAINS ##
density=2500.0                    ! masse volumique des particules (en kg/m^3)

## Contact law : micromecanical paremeters ##
ModuleYoung=1.0E+09                  ! Moudule d'Young  en Pascal (Pa-->N/m^2)
nu=0.29                     ! coefficient de Poisson du matériau    (-)
cn=1.1E-05                      ! constante d'amortissement visqueux normal (N.s/m^2) ici sans unite
mu=0.3                      ! coefficient de friction (glissement)  (-)
muparoi=0.000001
```

图 6　颗粒接触参数设定

Density：密度。

ModuleYoung：弹性模量。

Nu：泊松比。

Cn：阻尼系数。

Mu：颗粒间摩擦系数。

Muparoi：颗粒与边界条件摩擦系数。

1.3.3　模拟试验步骤

可进行的试验模拟步骤在图 7 文件中进行设定。

```
#==========================================
#  TYPE OF PROBLEM and NUMErICAL PARAMETERS
#==========================================

#compression_cyl_iso(cs_vplateau,cs_sr_latcyl,z_upwall_ini)
#cs_vplateau -> unity/s, cs_sr_latcyl -> Pa, z_upwall_ini -> unity
sedimentation()
#compaction(-20.0,4.719703e+00,4.5e+00)
#vibration_bottom_wall(0.1,100.0)
#compression_cyl_iso(-10.0,100000.0,0.0)
#triaxial_test(-10.0,50000.0,3.060742e+01)


## PARAMETRES NUMERIQUES: SCHEMA D'INTEGRATION ##
deltat=1.67e-6                    ! pas de temps de calcul en secondes (s) If 0, using of the cal_time_step function
niter=200000          ! Number of iterations
```

图 7　三轴试验步骤选定

Sedimentation：在边界条件内生成颗粒。

Compaction：上压板击实数值试样，compaction 后紧随的三个参数分别为上压板移动速度、上压板起始高度、上压板最低高度。

Vibration_bottom_wall 下底板振动，制备密实试样。Vibration_bottom_wall 后紧随的两个参数分别是振动幅度、频率。

Compression_cyl_iso 制备圆柱体试样各向围压相等。Compression_cyl_iso 后紧随的三个参数分别为上压板下压速率、围压、圆柱体底面直径。若参数设为零，程序会自动搜索圆柱体初始直径。

Triaxial_test 为三轴试验过程。读取 Compression_cyl_iso 结果进行模拟。Triaxial_test 后紧随的三个参数分别为上压板下压速率、围压、圆柱体底面直径。程序无法自动搜索圆柱体初始直径，需要手动输入。

Deltat：运算步长。

Niter：运算步数。

1.3.4　分析与调试

对程序的分析调试在图 8 文件中进行设定。

Ndodisplay：每运算步数后在屏上显示运算结果。

```
#========================================
#   ANALYSING and DEBUG
#========================================

## AFFICHAGE ECRAN ET SAUVEGARDE RESULTATS ####
ndodisplay=5000                          ! Iteration increment for screen info display
ndowrite=5000                            ! Iteration increment for the writing of the results (in result.dat file) (-)
ndowritemicro=5000                       ! Iteration increment for the writing of the microsctructure files (0 -> no file)
ndowritevtk=5000                         ! Iteration increment for the writing of the vtk file (0 -> no file)

nverif=30000                             ! on peut rentrer 2*le nombre de particules (-)
NPointsProfDensite=10000000;             ! Number of points for the analysing of the density profil
```

图 8   分析与调试参数设定

Ndowrite：每运算步数在 results 文本中输入参数。

Ndowritemicro：每运算步数后写出 micro_xxxx 文件与 micro_xxxx_cont 文件。

Ndowritevtk：每运算步数后写出 vtk 文件，用于 paraview 软件进行可视化操作。

1.4   程序运行

相关参数设定好后，关闭 params. in 文件，并敲入命令行 SimTri，程序就开始运行，见图 9。

```
Read parameter file: params.in
========================================
 Simulation case : sedimentation

 List of the boundary conditions
========================================
wall : id 201 - Position 2 2 0 - Normal 0.000000 0.000000 -1.000000
wall : id 206 - Position 2 2 13 - Normal 0.000000 0.000000 1.000000
 system size : 5 5 14
 box_size :  5.00  5.00 13.00
 Unity : 1.000000e-02 m

 Generation of initial granular packing by RSA method (npart 200)
========================================
20 40 60 80 100 120 140 160 180 200 npart 200 nobj 20
Final compacity 0.322215


 Assignment of material properties for the particles
========================================
 Only one material

 Starting demGCE simulation
========================================

 Current Iteration : 1
   zmoy 6.473297 zmin 0.008880 zmax 12.997798
   Overlap mean 0.000000e+00 min 1.000000e+00 max 0.000000e+00
   Indfric 0.000000e+00 - Id particle with Wmax 0
   Writing micro file micro_0000 (ite 1)
   Writing vtk files spheres_0000.vtk  (ite 1)
```

图 9   程序运行界面

运算结果将输入 results. dat 文本中，包括运算时间，运算频数，颗粒最高、最低与平均位置，系统密实度，能量耗散等参数，见图 10。

Times_(s)	Iteration	Zmean_(u)	Zmin_(un)	Zmax_(un)	Compacity	Ec1_(J)	Ecr_(J)
0.000000e+00	1	6.473297e+00	8.880328e-03	1.299780e+01	3.335382e-01	0.000000e+00	0.000000e+00
9.980000e-04	1000	6.472807e+00	8.390318e-03	1.299731e+01	3.335421e-01	1.257209e-05	0.000000e+00
1.998000e-03	2000	6.471336e+00	6.919309e-03	1.299584e+01	3.335538e-01	5.033873e-05	0.000000e+00
2.998000e-03	3000	6.468884e+00	4.467299e-03	1.299338e+01	3.335735e-01	1.132999e-04	0.000000e+00
3.998000e-03	4000	6.465451e+00	1.034290e-03	1.298995e+01	3.336015e-01	2.014557e-04	0.000000e+00
4.998000e-03	5000	6.461039e+00	-2.862795e-03	1.298554e+01	3.336379e-01	3.137025e-04	2.676105e-18
5.998000e-03	6000	6.455679e+00	-3.617621e-03	1.298014e+01	3.336834e-01	4.497858e-04	6.240118e-18
6.998000e-03	7000	6.449393e+00	-1.938705e-03	1.297377e+01	3.337384e-01	6.128357e-04	1.294494e-18
7.998000e-03	8000	6.442145e+00	-2.520434e-03	1.296641e+01	3.338036e-01	7.983486e-04	8.862063e-19
8.998000e-03	9000	6.433948e+00	-4.373042e-03	1.295807e+01	3.338793e-01	1.006571e-03	1.369950e-17
9.998000e-03	10000	6.424814e+00	-4.295025e-04	1.294875e+01	3.339658e-01	1.243296e-03	9.105106e-19
1.099800e-02	11000	6.414726e+00	-6.077788e-03	1.293845e+01	3.340633e-01	1.495605e-03	1.148652e-17
1.199800e-02	12000	6.403726e+00	-4.170670e-03	1.292717e+01	3.341729e-01	1.780265e-03	1.940735e-18
1.299800e-02	13000	6.391812e+00	-4.740309e-03	1.291491e+01	3.342954e-01	2.084528e-03	9.763723e-18
1.399800e-02	14000	6.378972e+00	-2.178261e-04	1.290167e+01	3.344307e-01	2.416352e-03	4.133354e-09
1.499800e-02	15000	6.365158e+00	-3.056897e-03	1.288744e+01	3.345797e-01	2.769203e-03	4.518311e-08
1.599800e-02	16000	6.350391e+00	-1.421699e-03	1.287224e+01	3.347417e-01	3.148623e-03	4.261247e-08
1.699800e-02	17000	6.334657e+00	-2.867976e-03	1.285605e+01	3.349153e-01	3.549447e-03	2.830991e-07
1.799800e-02	18000	6.317970e+00	-5.038117e-03	1.283888e+01	3.350994e-01	3.972993e-03	3.238954e-07
1.899800e-02	19000	6.300415e+00	-7.826062e-03	1.282074e+01	3.352950e-01	4.402460e-03	3.339412e-07
1.999800e-02	20000	6.282155e+00	-6.893635e-03	1.280161e+01	3.355038e-01	4.844933e-03	3.455366e-06
2.099800e-02	21000	6.263086e+00	-7.646375e-03	1.278150e+01	3.357247e-01	5.332517e-03	5.385853e-06
2.199800e-02	22000	6.243132e+00	-5.936611e-03	1.276041e+01	3.359514e-01	5.836354e-03	3.645295e-06
2.299800e-02	23000	6.222306e+00	-5.593515e-03	1.273833e+01	3.361799e-01	6.351953e-03	8.717315e-06
2.399800e-02	24000	6.200590e+00	-2.834239e-03	1.271528e+01	3.364054e-01	6.867531e-03	1.264981e-05
2.499800e-02	25000	6.178039e+00	-1.088543e-02	1.269125e+01	3.366293e-01	7.378332e-03	1.941134e-05
2.599800e-02	26000	6.155012e+00	-1.211268e-02	1.266623e+01	3.368452e-01	7.876845e-03	3.133823e-05
2.699800e-02	27000	6.131477e+00	-8.276653e-03	1.264024e+01	3.370582e-01	8.445370e-03	5.377239e-05
2.799800e-02	28000	6.107220e+00	-1.307297e-02	1.261326e+01	3.372255e-01	9.006498e-03	5.927146e-05
2.899800e-02	29000	6.082354e+00	-8.255565e-03	1.258530e+01	3.373814e-01	9.611903e-03	6.467135e-05
2.999800e-02	30000	6.056766e+00	-1.238447e-02	1.255636e+01	3.375078e-01	1.022118e-02	8.181113e-05
3.099800e-02	31000	6.030470e+00	-2.453374e-03	1.252644e+01	3.376250e-01	1.092791e-02	8.011212e-05
3.199800e-02	32000	6.003363e+00	-8.289912e-03	1.249554e+01	3.377168e-01	1.153788e-02	7.918125e-05
3.299800e-02	33000	5.975494e+00	-6.402688e-03	1.246366e+01	3.377668e-01	1.211460e-02	9.685806e-05
3.399800e-02	34000	5.946909e+00	-1.418272e-02	1.243080e+01	3.378675e-01	1.274189e-02	1.037497e-04
3.499800e-02	35000	5.917884e+00	-6.094877e-03	1.239695e+01	3.379432e-01	1.347451e-02	1.252090e-04
3.599800e-02	36000	5.888144e+00	-6.093016e-03	1.236213e+01	3.379773e-01	1.416984e-02	1.369832e-04
3.699800e-02	37000	5.857555e+00	-3.637799e-03	1.232632e+01	3.379887e-01	1.488246e-02	1.262855e-04
3.799800e-02	38000	5.826252e+00	-1.072310e-02	1.228953e+01	3.379756e-01	1.551277e-02	1.386427e-04
3.899800e-02	39000	5.794613e+00	-1.142822e-02	1.225177e+01	3.378856e-01	1.621791e-02	1.437780e-04
3.999800e-02	40000	5.762467e+00	-1.740584e-02	1.221302e+01	3.377576e-01	1.680905e-02	1.615300e-04

图 10　运算结果输出

另外，运算过程中的参数与屏显结果都会分别输入 logfile 与 screen 文件中，见图 11 与图 12。

```
Read parameter file: params.in
========================================
 Simulation case : sedimentation

 List of the boundary conditions
========================================
wall : id 201 - Position 2 2 0 - Normal 0.000000 0.000000 -1.000000
wall : id 206 - Position 2 2 13 - Normal 0.000000 0.000000 1.000000
 system size : 5 5 14
 box_size :  5.00  5.00 13.00
 Unity : 1.000000e-02 m

 Generation of initial granular packing by RSA method (npart 200)
========================================
 20 40 60 80 100 120 140 160 180 200 npart 200 nobj 20
 Final compacity 0.322215


 Assignment of material properties for the particles
========================================
 Only one material

 Starting demGCE simulation
```

图 11　Screen 屏显结果输出

135

```
*****************************
* demGCE code : log file
  Simulation case : sedimentation

  Parameter file: params.in
=================================================
  nseed -32 - unity 1.000000e-02 (m)
  System size 5 5 14
  npart 200 nsurf 20 nobj 20
  Density of the material 2500.000000 (Kg/m3)

  Contact force (1:enabled/0:disable): 1 - Tangential force model 2
  Young modulus 1.000000e+07 (Pa) - Poisson coefficient 0.290000
  Friction coefficient: 0.300000 (grain/grain) 0.500000 (grain/wall)
  Rolling friction (0:disable) 0 - Rolling friction coefficient (grain/grain)
  Normal damping coefficient 0.000070 (sec)

  Van der Waals force (1:enable/0:disable): 0

  Electrostatic force (1:enable/0:disable): 0

  Hydrodynamic force (1:enable/0:disable): 0

  Gravity 0.000000 0.000000 -9.810000 (m.s-1)
```

图 12　Logfile 结果输出

2. 程序后期处理

软件 DemGCE 可同时支持第三方软件的数据处理与可视化操作。

2.1　数据处理软件：Gnuplot

Gnuplot 是一个命令行的交互式绘图工具（command-driven interactive function plotting program）。用户通过输入命令，可以逐步设置或修改绘图环境，并以图形描述数据或函数，使我们可以借由图形做更进一步的分析。

Gnuplot 软件下载网址：

http://www.gnuplot.info/

Gnuplot 软件使用手册：

http://dsec.pku.edu.cn/dsectest/dsec_cn/gnuplot/

运用 Gnuplot 软件可读取 DemGCE 软件生成的 results.dat 文件进行数据处理，见图 13，当然我们也可以通过更改 DemGCE 的数据输出格式，以便与其他数据处理软件配合使用。

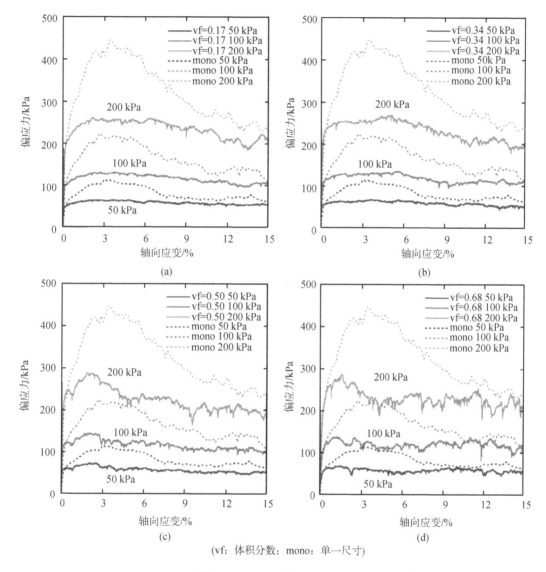

(vf：体积分数；mono：单一尺寸)

图 13　Gnuplot 数据处理出图

2.2　可视化软件：ParaView

　　ParaView 是一款对二维和三维数据进行可视化分析的软件，它既是一个应用程序框架，也可以直接使用（Turn-Key）。ParaView 支持并行运算，可以运行于单处理器的工作站，也可以运行于分布式存储器的大型计算机。ParaView 用 C＋＋编写，基于 VTK（Visualization ToolKit）开发。

　　Paraview 下载地址：

http://www.kitware.com/opensource/paraview.html

Paraview 使用说明：

http://wenku.baidu.com/link? url＝4O8wK7JDAEmPugM4H43 SkrdDKh70I8_l9SdKxE-_JhPnXzsQYm4YD3m63hGzpIbz-boiPakiPLDQQ-aOpO78RDnd 6V4UrX5yCoqe SkjGjoq

运用 ParaView 读取 SimTri 软件生成文本. vtk,可对模拟试验进行可视化输出,见图 14。

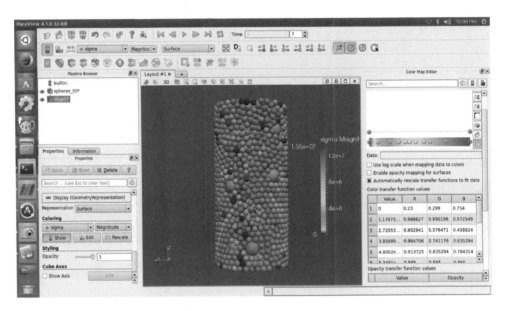

图 14　ParaView 可视化程序结果展示

3. 部分源程序代码

3.1　滚动摩擦源程序代码

vector rolling_resistance_torque(double fnij1,double murol，double Rij，vector resis_tor,vector wi,vector wj)

```
{
double normewij；

vector wij；

// The expression of the resistance torque is given by Balevicius and al (Powder
```

technology 2011，num 22，pp226-235)

```
        wij. x＝wi. x－wj. x;
        wij. y＝wi. y－wj. y;
        wij. z＝wi. z－wj. z;
        normewij＝sqrt(wij. x* wij. x＋wij. y* wij. y＋wij. z* wij. z);
        if(normewij＝＝0)
            {
            resis_tor. x＝0. 0;
            resis_tor. y＝0. 0;
            resis_tor. z＝0. 0;
            }
        else
            {
            wij. x＝wij. x/normewij;
            wij. y＝wij. y/normewij;
            wij. z＝wij. z/normewij;
            resis_tor. x＝murol* fnijl* Rij* wij. x;
            resis_tor. y＝murol* fnijl* Rij* wij. y;
            resis_tor. z＝murol* fnijl* Rij* wij. z;
            }
        return resis_tor;
        }
```

3.2　圆柱形边界条件源代码

```
    void add_cylinder(void)
        {
        int i,j,k,nwall;
        double dist,distmin,distmax,x0,y0,x1,y1;
        diamcyl＝diamcyl-2. 0;
        nwall＝npart＋7;
        x0＝syssizex/2. 0;
        y0＝syssizey/2. 0;
```

```
for(i=0;i<syssizex;i++)
    {
    for(j=0;j<syssizey;j++)
        {
        distmax=0.0;
        distmin=1000.0;
        x1=(float)i;
        y1=(float)j;
        dist=sqrt((x1-x0)*(x1-x0)+(y1-y0)*(y1-y0));
        if(dist<distmin){distmin=dist;}
        if(dist>distmax){distmax=dist;}
        x1=(float)i-0.5;
        y1=(float)j+0.5;
        dist=sqrt((x1-x0)*(x1-x0)+(y1-y0)*(y1-y0));
        if(dist<distmin){distmin=dist;}
        if(dist>distmax){distmax=dist;}
        x1=(float)i+0.5;
        y1=(float)j-0.5;
        dist=sqrt((x1-x0)*(x1-x0)+(y1-y0)*(y1-y0));
        if(dist<distmin){distmin=dist;}
        if(dist>distmax){distmax=dist;}
        x1=(float)i+0.5;
        y1=(float)j+0.5;
        dist=sqrt((x1-x0)*(x1-x0)+(y1-y0)*(y1-y0));
        if(dist<distmin){distmin=dist;}
        if(dist>distmax){distmax=dist;}
        x1=(float)i-0.5;
        y1=(float)j-0.5;
        dist=sqrt((x1-x0)*(x1-x0)+(y1-y0)*(y1-y0));
        if(dist<distmin){distmin=dist;}
        if(dist>distmax){distmax=dist;}
        if((diamcyl-hmax)/2.0<distmax)
            {
```

```
            for(k=0;k<syssizez;k++)
              {
              if(mic[i][j][k][0]==0)
                  {mic[i][j][k][0]=nwall;}
              else{mic[i][j][k][1]=nwall;}
              }
            }
          }
        }
    diamcyl=diamcyl+2.0;
    particle[nwall].radius=1000000.0;
    particle[nwall].Ri.x=syssizex/2.0;
    particle[nwall].Ri.y=syssizey/2.0;
    particle[nwall].Ri.z=-particle[nwall].radius;
    particle[nwall].Vi=vect0;
    particle[nwall].Wi=vect0;
    particle[nwall].Fi=vect0;
    particle[nwall].Mi=vect0;
    // printing some information for logfile and screen
    fprintf(stdout,"cylinder : id %d-Center %3.2f %3.2f %3.2f-axe 0 0 1-Dia %f
Length %d\n",nwall,x0,y0,((double)syssizez)/2.0,diamcyl,syssizez);
    fprintf(flogfile," Characteritics of the cylinder-id:%d \n",nwall);
    fprintf(flogfile,"cylinder : id %d-Center %3.2f %3.2f %3.2f \n axe 0 0 1-Dia
%3.2f Length %d\n",nwall,x0,y0,((double)syssizez)/2.0,diamcyl,syssizez);
      }
```

3.3　RSA 算法程序代码

```
    void random_sequential_adsorption(void)
      {
      unsigned int l;
      int co,itdisplay;
      double x,y,z;
```

```
double compacity,vol_box;
fprintf(stdout,"\n   Generation of initial granular packing by RSA method (npart
%d)\n",npart);
fprintf(stdout,"====================================
=====================\n  ");
if(npart>10){itdisplay=npart/10;}
else {itdisplay=1;}
l=1;
do{
    if(l%itdisplay==0){fprintf(stdout,"%d ",l);}
    do{
        x=ran1(seed)* syssizex;
        y=ran1(seed)* syssizey;
        z=ran1(seed)* syssizez;
        co=check(x,y,z,rpart,l,3);
        }while(co! =0);
    co=check(x,y,z,rpart+hmax/2.0,l,1);
    particle[l]. Ri. x=x;
    particle[l]. Ri. y=y;
    particle[l]. Ri. z=z;
    particle[l]. radius=rpart;
    l+=1;
    }while(l<=npart);
fprintf(stdout,"npart %d nobj %d",npart,nobj);
// Computing some packing characteristics
// Calculation of the initial compactness
if(particle[npart+7]. radius>0.000001)
    {
    vol_box=box_size. z * PI * pow(diamcyl/2.0,2.0);
    }
else
    {
    vol_box=box_size. x * box_size. y * box_size. z;
```

```
    }
compacity=(npart * (4.0/3.0) * PI * pow(rpart,3.0))/vol_box;
// printing some information about the packing in logfile and screen
fprintf(flogfile,"\n  Packing generation method: Random Sequential Absorption\n");
fprintf(flogfile,"===================================
===================\n");
fprintf(flogfile,"  npart %i \t compacity %f \t systemsize %i %i %i \n",npart,
compacity,syssizex,syssizey,syssizez);
fprintf(stdout,"\n  Final compacity %f \n",compacity);
    }
```

3.4　基于拉梅公式的圆柱体伺服机理源程序代码

```
if(Fcyl_mov)
    {
    // First compute the inner pressure
    sr_latcyl=flatcyl/(PI * diamcyl * unity * z_upwall * unity);
    if(Ftriaxial)
        {
        // essai triaxial
        //if (sr_latcyl>cs_sr_latcyl)
        if(abs(sr_latcyl-cs_sr_latcyl)/cs_sr_latcyl>0.0001)
            {
            a_lame=diamcyl * unity/2.0; //
            b_lame=(diamcyl+unity) * unity/2.0;
            //b_lame=(diamcyl+1/1000.0) * unity/2.0;
```

deltar=1.0/((particle[npart+7].Yn/unity/unity)) * ((1.0-particle[npart+7].Nu) * (a_lame * a_lame * sr_latcyl-b_lame * b_lame * cs_sr_latcyl) * a_lame/(b_lame * b_lame-a_lame * a_lame)+(1.0+particle[npart+7].Nu) * a_lame * a_lame * b_lame * b_lame * (sr_latcyl-cs_sr_latcyl)/((b_lame * b_lame-a_lame * a_lame) * a_lame));

```
            // Lamé formula for thick-walled assumption, thickness defined by
```
defaut unity/1000.0 but need to check in function of wall velocity and

```
                // deltar＝(sr_latcyl－cs_sr_latcyl)* diamcyl* diamcyl* unity* unity/
(particle[npart＋7]. Yn/(unity* unity)* (unity/10000. 0));
                diamcyl＝diamcyl＋2* deltar;
                }
            }
        else
            {
            // Compression isostatique
            //if (sr_supwall＜＝cs_sr_latcyl||sr_latcyl＜＝cs_sr_latcyl)
            if (sr_supwall＜＝cs_sr_latcyl||abs(sr_latcyl－cs_sr_latcyl)/cs_sr_latcyl＞0. 0001)
                {

    vplateau＝copysign(cs_vplateau,(sr_supwall－cs_sr_latcyl));
                if (sr_latcyl＜＝sr_supwall)
                    {
                    //a_lame＝diamcyl * unity/2. 0;
                    //b_lame＝(diamcyl＋unity)* unity/2. 0;
                    //b_lame＝(diamcyl＋1/1000. 0)* unity/2. 0;

    //deltar＝1. 0/((particle[npart＋7]. Yn/unity/unity))* ((1. 0－particle[npart＋7].
Nu)* (a_lame* a_lame* sr_latcyl－b_lame* b_lame* sr_supwall)* a_lame/(b_lame* b_lame－
a_lame* a_lame)＋(1. 0＋particle[npart＋7]. Nu)* a_lame* a_lame* b_lame* b_lame* (sr_
latcyl－sr_supwall)/((b_lame* b_lame－a_lame* a_lame)* a_lame));

    deltar＝(sr_latcyl－sr_supwall)* diamcyl* diamcyl* unity* unity/(particle[npart＋7].
Yn/(unity* unity)* (unity/1000. 0));
                    diamcyl＝diamcyl＋2* deltar;
                    }
                }
            else
                {vplateau＝0. 0;}
            }
        }
```

参 考 文 献

［1］ Iwashita K,Oda M. Micro-deformation mechanism of shear banding process based on modified distinct element method［J］. Powder Technology, 2000, 109(1/2/3): 192-205.

［2］ Kumar N, Imole O I, Magnanimo V, Luding S. Effects of polydispersity on the micro-macro behavior of granular assemblies under different deformation paths［J］. Particuology, 2014, 12(0): 64-79.

［3］ Belheine N, Plassiard J P, Donze F V. Numerical simulation of drained triaxial test using 3D discrete element modeling［J］. Computers and Geotechnics, 2009, 36(1/2): 320-331.

［4］ Lee S J, Hashash Y M A, Nezami E G. Simulation of triaxial compression tests with polyhedral discrete elements［J］. Computers and Geotechnics, 2012, 43(0): 92-100.

［5］ Kozicki J, Tejchman J, Muhlhaus H B. Discrete simulations of a triaxial compression test for sand by DEM［J］. International Journal for Numerical and Analytical Methods in Geomechanics, 2014, 38(18): 1923-1952.

［6］ Higo Y, Oka F, Sato T, et al. Investigation of localized deformation in partially saturated sand under triaxial compression using microfocas X-ray CT with digital image correlation［J］. Soils and Foundations, 2013,53(2):181-198.

［7］ Chen X B. Shear behaviour of a geogrid-reinforced coarse-grained soil based on large-scale triaxial tests［J］. Geotextiles and Geomembranes, 2014, 42 : 312-328.

［8］ 张诚厚. 孔压静力触探应用［M］.北京:中国建筑工业出版社,1999.

［9］ 蔡国军,刘松玉,童立元,等. 基于孔压静力触探的连云港海相黏土的固结和渗透特性研究［J］. 岩土力学与工程学报, 2007, 26(4):846-852.

［10］ Motaghedi H, Armaghani D J. New method for estimation of soil shear strength parameters using results of piezocone［J］. Measurement, 2016, 77: 132-142.

［11］ Liu S Y, Shao G H, Du Y J. Depositional and geotechnical properties of marine clays in Lianyungang, China［J］. Engineering Geology, 2011, 121(1-2): 66-74.

［12］ Cai G J, Liu S Y, Puppala A J. Comparison of CPT charts for soil classification using PCPT data: Example from clay deposits in Jiangsu Province, China［J］. Engineering Geology, 2011, 121 (1/2): 89-96.

［13］ Powell J J M, Lunne T. A comparison of different sized piezocones in UK clay ［C］. Proceedings of the 16th International Conference on Soil Mechanics and Geotechnical Engineering: Geotechnology in Harmony with the global environment, 2005: 729-734.

［14］ Monaco P, Amoroso S, Marchetti S. Overconsolidation and Stiffness of Venice Lagoon Sands and

Silts from SDMT and CPTU[J]. Journal of Geotechnical and Geoenvironmental Engineering, 2014, 140(1): 215-227.

[15] Terzaghi K. Theoretical soil mechanics[M]. New York: John Wiley & Sons,1943.

[16] Baligh M M. Strain path method [J]. Journal of Geotechnical Engineering, 1985, 111(9): 1108-1136.

[17] Baligh M M. Undrained deep penetration I: Shear stresses[J]. Geotechnique, 1986, 36(4): 471-485.

[18] Ladanyi B, Johnston G H. Behavior of circular footings and plate anchor embedded in permafrost [J]. Can Geotech, 1974, (11): 531-553.

[19] Vesic A S. Expansion of cavities in infinite soil mass[J]. Journal of Soil Mechanics and Foundation, 1972, 98(3): 265-290.

[20] Chen J W, Juang C H. Determination of drained friction angle of sand from CPT[J]. Journal of Geotechnical Engineering, 1996, 122(5): 374-381.

[21] Salgado R. Analysis of penetration resistance in sands [D]. Berkeley: University of California, 1993.

[22] Yasufuku N, Hyde A F L. Pile end bearing-capacity in crushable sands[J]. Geotechnique, 1995, 45(4): 663-676.

[23] Elsworth D. Dislocation Analysis of Penetration in Saturated Porous Media[J]. Journal of Engineering Mechanics, 1991, 117(2): 391-408.

[24] Elsworth D. Analysis of piezocone dissipation data using dislocation methods[J]. Journal of Geotechnical Engineering, 1993, 119(10): 1601-1623.

[25] Elsworth D, Lee D S. Permeability determination from on-the-fly piezocone sounding[J]. Journal of Geotechnical and Geoenvironmental Engineering, 2005, 131(5): 643-653.

[26] Schmetmann J H. The mechanical ageing of soil [J]. Journal of Geotechnical Engineering, ASCE, 1991, 117 (12):1288-1330.

[27] Wesley M P. Determination of OCR in clays by piezocone tests using cavity expansion and critical state concepts[J]. Soils and Foundations, 1991, 31(2): 65-76.

[28] Lunne T, Robertson P K, Powell J. Cone penetration testing in geotechnical practice. Soil Mechanics and Foundation Engineering, 1997, 46(6):237.

[29] Masood T. Comparison of in situ methods to determine lateral earth pressure at rest in soils[D]. Berkeley: University of California, 1990.

[30] Winfred A, Foster Jr, Clarence E. Finite element simulation of cone penetration[J]. International Journal of Applied Mathematics and Computation, 2005, 162: 735-749.

[31] Huang W, Sheng D, Sloan S W. Finite element analysis of cone penetration in cohesionless soil [J]. Computers and Geotechnics, 2004, 31(7): 517-528.

[32] Wei L. Numerical simulation and field verification of inclined piezocone penetration test in cohe-

sive soils[D]. Louisiana State University，2004.

[33] Lu Q，Randolph M F，Hu Y，Bugarski I C. A numerical study of cone penetration in clay[J]. Geotechnique，2004，54(4)：257－267.

[34] Grenon M，Bruneau G，Kalala I K. Quantifying the impact of small variations in fracture geometric characteristics on peak rock mass properties at a mining project using a coupled DFN-DEM approach[J]. Computers and Geotechnics，2014，58：47－55.

[35] 刘海涛. 无黏性颗粒材料剪切试验和贯入试验的离散元分析[D]. 北京：清华大学，2010.

[36] 周健，崔积弘，贾敏才，等. 静力触探试验的离散元数值模拟研究[J]. 岩土工程学报，2007，29(11)：1604－1610.

[37] Jiang M J，Yu H S，Harris D. Discrete element modelling of deep penetration in granular soils[J]. International Journal for numerical and analytical methods in Geomechanics，2006，30：335－361.

[38] Ciantia M O，Arroyo M，Butlanska J，et al. Dem modelling of cone penetration tests in a double-porosity crushable granular material[J]. Computers and Geotechnics，2016，73：109－127.

[39] Arroyo M，Butlanska J，Gens A，Calvetti F，Jamiolkowski M. Cone penetration tests in a virtual calibration chamber[J]. Geotechnique，2011，61(6)：525－531.

[40] Butlanska J，Arroyo M，Gens A. Homogeneity and Symmetry in DEM Models of Cone Penetration[J]. Powders and Grains，2009，1145：425－428.

[41] Butlanska J，Arroyo M，Gens A. 3D DEM simulations of CPT in sand[C]. Geotechnical and Geophysical Site Characterization 4，2013：817－824.

[42] Butlanska J，Arroyo M，Gens A. Multi-scale analysis of cone penetration test (CPT) in a virtual calibration chamber[J]. Canadian Geotechnical Journal，2014，51(1)：51－66.

[43] Falagush O，McDowell G R，Yu H S. Discrete Element Modeling of Cone Penetration Tests Incorporating Particle Shape and Crushing[J]. International Journal of Geomechanics，2015.15(6).

[44] Falagush O，McDowell G R. Discrete element modelling and cavity expansion analysis of cone penetration testing[J]. Granular Matter，2015,17(4)：483－495.

[45] Zienkiewicz O C. La méthode des elements finis[M]. McGraw-Hill Inc，1979.

[46] Cundall P A. A computer model for simulating progressive large scale movements in blocky system[C]. Proc sym int society of rock mechanics，1971：128－132.

[47] Cundall P A. BALL-A computer program to model granular media using the distinct element method[J]. Technical note TN-LN-13，1978.

[48] Cundall P A. Computer simulations of dense sphere assemblies[J]. Studies in Applied Mechanics，1988(20)：113－123.

[49] Ng T T，Dobry R. Numerical simulations of monotonic and cyclic loading of granular soil[J]. Journal of Geotechnical Engineering-Asce，1994,120(2)：388－403.

［50］ Iwashita K, Oda M. Rolling resistance at contacts in simulation of shear band development by DEM[J]. Journal of Engineering Mechanics, 1998, 124(3): 285-292.

［51］ Jiang M J, Konrad J M, Leroueil S. An efficient technique for generating homogeneous specimens for DEM studies[J]. Computers and Geotechnics, 2003, 30: 579-597.

［52］ Poschel T, Schwager T. Computational Granular Dynamics［M］. Berlin Heidelberg: Springer, 2015.

［53］ Mindlin R D, Deresiewicz, H. Elastic spheres in contact under varying oblique force[J]. Applied Mechanics, 1953, 20: 327-344.

［54］ Cheung G, O'Sullivan C. Effective simulation of flexible lateral boundaries in two- and three-dimensional DEM simulations[J]. Particuology, 2008, 6(6): 483-500.

［55］ O'Sullivan C, O'Neill S, Cui L. An analysis of the triaxial apparatus using a mixed boundary three-dimensional discrete element model. Géotechnique, 2007, 57(10): 831-844.

［56］ O'Sullivan C, Cui L. Micromechanics of granular material response during load reversals: Combined DEM and experimental study. Powder Technology, 2009, 193(3): 289-302.

［57］ Fazekas S, Torok J, Kertesz J. Computer simulation of three dimensional shearing of granular materials: formation of shear bands. Powders and Grains[C], 2005: 223-226.

［58］ Le Hello, Villard P, Nancey A, Delmas P. Coupling finite elements and discrete elements methods, application to reinforced embankment by piles and geosynthetics[C]. Proceedings of the 6th European Conference on Numerical Methods in Geotechnical Engineering, 2006:843-848.

［59］ O'Sullivan C. Particulate discrete element modelling a geomechanics perspective[M]. London: London Spon Press, 2010.

［60］ Zhou W, Xu K, Ma G. Effects of particle size ratio on the macro- and microscopic behaviors of binary mixtures at the maximum packing efficiency state[J]. Granular Matter, 2016, 18:81.

［61］ Gu X Q, Yang J. A discrete element analysis of elastic properties of granular materials[J]. Granular Matter, 2013, 15(2): 139-147.

［62］ Kim B S, Park S W, Kato S. DEM simulation of collapse behaviours of unsaturated granular materials under general stress states[J]. Computers and Geotechnics, 2012, 42: 52-61.

［63］ Cui L. Developing a Virtual Test Environment for Granular Materials Using Discrete Element Modelling[D]. University College Dublin, 2006.

［64］ Tran V T, Donze F V, Marin P. A discrete element model of concrete under high triaxial loading [J]. Cement & Concrete Composites, 2011, 33(9): 936-948.

［65］ Dondi G, Simone A, Vignali V. Numerical and experimental study of granular mixes for asphalts [J]. Powder Technology, 2012, 232: 31-40.

［66］ Gong G B, Zha X X, Wei J. Comparison of granular material behaviour under drained triaxial and plane strain conditions using 3D DEM simulations[J]. Acta Mechanica Solida Sinica, 2012, 25

(2)：186-196.

[67] Kim D, Ha S. Effects of Particle Size on the Shear Behavior of Coarse Grained Soils Reinforced with Geogrid[J]. Materials, 2014, 7(2)：963-979.

[68] Göncü F, Luding S. Effect of particle friction and polydispersity on the macroscopic stress-strain relations of granular materials[J]. Acta Geotechnica, 2013, 8(6)：629-643.

[69] Joanna W, Marek M. Effect of particle polydispersity on micromechanical properties and energy dissipation in granular mixtures[J]. Particuology, 2014, 16(5)：91-99.

[70] Goldstein R, Eckert E, Ibele W, et al. Heat transfer a review of 1992 litterature[J]. International Journal of Heat and Mass Transfer, 2003, 46：1887-1992.

[71] Winterkorn H F. Effects of temperatures and heat on engineering behavior of soils[C]. Proceedings of an International Conference Held at Washington D. C. , 1969.

[72] Chauchois A, Antczak E, Defer D, Brachelet F. In situ characterization of thermophysical soil properties - Measurements and monitoring of soil water content with a thermal probe[J]. Journal of Renewable and Sustainable Energy, 2012, 4(4)：43-106.

[73] Yu X B, Pradhan A, Zhang N, et al. Thermo-TDR probe for measurement of soil moisture, density, and thermal properties[C]. Geo-Congress 2014, 2014.

[74] Chen H, Arroyo M, Jiang M J, et al. Study of mechanical behavior and strain localization of methane hydrate bearing sediments with different saturations by a new DEM model[J]. Computers and Geotechnics, 2014, 57：122-138.

[75] 周强. 基于离散元方法的颗粒材料热传导研究[D]. 大连：大连理工大学, 2011.

[76] Remond S, Pizette P. A DEM hard-core soft-shell model for the simulation of concrete flow[J]. Cement and Concrete research, 2014, 58：169-178.

[77] Wu K, Patrick P, Becquart B, NorEdine A, et al. Experimental and numerical study of shear behavior of mono-sized glass beads under quasistatic triaxial loading condition[J]. Advanced Powder Technology, 2017, 28：155-166.

[78] Rémond S, Gallias J L. Modelling of granular mixtures placing. Comparison between a 3D full-digital model and a 3D semi-digital model[J]. Powder Technology, 2004, 145(1)：51-61.

[79] Rémond S, Gallias J L, Mizrahi A. Characterization of voids in spherical particle systems by Delaunay empty spheres[J]. Granular Matter, 2008, 10(4)：329-334.

[80] Wu K, Rémond S, NorEdine A, et al. Study of the shear behavior of binary granular materials by DEM simulations and experimental triaxial tests [J]. Advanced Powder Technology, 2017, 28：2198-2210.